如何开发内向孩子的性格优势

谷鹏磊 ◎ 编著

中国纺织出版社有限公司

内容提要

每一个孩子都拥有不同的性格，这些性格可以大致分为内向型和外向型。要想更好地帮助内向型孩子成长，在教育孩子的过程中，父母就要考虑到内向型孩子的性格特点。

本书针对儿童的内向型性格进行了深入阐述，剖析了内向型儿童各种行为表现的深层心理原因，也列举了他们在生活中常见的各种表现，教会父母要用心观察内向型儿童的不同表现，从而会帮助父母了解孩子的内心，走入孩子的心理世界。

图书在版编目（CIP）数据

如何开发内向孩子的性格优势 / 谷鹏磊编著. —北京：中国纺织出版社有限公司，2021.3
ISBN 978-7-5180-7877-6

Ⅰ.①如… Ⅱ.①谷… Ⅲ.①儿童—内倾性格—研究 Ⅳ.①B844.1

中国版本图书馆CIP数据核字（2020）第174181号

责任编辑：李凤琴　　责任校对：高　涵　　责任印制：储志伟

中国纺织出版社有限公司出版发行
地址：北京市朝阳区百子湾东里A407号楼　邮政编码：100124
销售电话：010—67004422　传真：010—87155801
http://www.c-textilep.com
中国纺织出版社天猫旗舰店
官方微博http://weibo.com/2119887771
三河市宏盛印务有限公司印刷　各地新华书店经销
2021年3月第1版第1次印刷
开本：880×1230　1/32　印张：7
字数：108千字　定价：39.80元

凡购本书，如有缺页、倒页、脱页，由本社图书营销中心调换

前　言

很多人对于性格内向的孩子都怀有误解，觉得和性格外向的孩子具有的热情开朗相比，性格内向的孩子往往都木讷寡言，而且在各个方面的表现也不如性格外向的孩子优秀。很多父母在发现孩子常常独自玩耍，不愿意和人打招呼，不喜欢和父母沟通之后，总是觉得孩子太内向了，并为此感到焦虑。也会有一些父母以孩子性格内向为由，为孩子的孤僻辩解。殊不知，当父母为孩子找到了这个冠冕堂皇的理由让孩子保持沉默，那么孩子就会越来越内向。既然父母知道孩子内向，在某些方面会暂时表现出弱势，那么就应该积极地行动，想办法帮助孩子弥补弱势的地方。如果父母去深入了解自己性格内向的孩子，就会发现他们的性格也有一定的优势，例如性格内向的孩子更容易集中注意力，做事情也更加沉稳等。

有一些犯罪心理学家在研究很多罪犯的心理之后，还会给罪犯贴上性格内向的标签，这使得性格内向与犯罪之间仿佛有了千丝万缕的联系。不得不说，这对于性格内向的孩子是极其不公平的。性格内向的孩子并不是问题孩子的代名词，性格内向的孩子也不是危险分子和没出息的代名词。我们应该摘掉有色眼镜看待性格内向的孩子。毕竟在所有的孩子之中，性格内向的孩子占据相当一部分比例。作为父母，更是要怀着公平的心态去看待性格内向的孩子，也要积极地帮助性格内向的孩

如何开发内向孩子的性格优势

子,这样他们才能成长得更好。

从心理学的角度来说,性格内向型和外向型,都属于人格特质,并没有好坏之分。很多心理学家在针对人的性格进行研究之后,都已经充分证明了这一点。心理学家荣格提出,一个人的兴趣和关注点既能够指向内部,也能够指向外部,这也就决定了孩子的性格是内向还是外向。所以说,内向和外向只是孩子兴趣和关注点的指向不同而已,并不会决定孩子的本质。当然,内向和外向会影响孩子的生活,甚至在某种意义上决定了孩子将会拥有怎样的人生。因此,父母在面对性格内向的孩子的时候,应多了解性格内向的孩子的性格,这样才能有的放矢地帮助性格内向的孩子。

要想更好地帮助性格内向的孩子成长,在教育孩子的过程中,父母就要考虑到性格内向的孩子的性格特点。通常情况下,内向性格的孩子比较害羞、敏感、腼腆、缺乏安全感,很多孩子还会有自卑的表现。在这样的情况下,父母就要注重帮孩子树立信心,培养孩子的自信,这样孩子才能更从容地面对成长。

有些父母对于内向的孩子非常不满,当内向的孩子在各个方面的表现不能达到父母的期望时,父母往往会指责内向的孩子。不得不说,这对性格内向的孩子的成长和发展是百害而无一利的。其实,并不是性格内向的孩子本身不够优秀,而是因为父母缺少一双发现的眼睛。当父母能够发现性格内向的孩子身上的闪光点,发现孩子在成长方面所占据的优势,那么内向

# 前 言

就不再是孩子的性格劣势，而是成为孩子的性格优势。古今中外，很多伟大的人都是内向性格的人，那么，他们为何会做出如此伟大的成就呢？父母应该多多了解这些人的生平事迹，也应该把他们的故事讲给孩子听。如果父母坚持把这些伟人的事迹作为对性格内向的孩子的鼓舞，性格内向的孩子一定会受到感染，也会获得力量。

对于父母而言，拥有什么性格的孩子并不是自己能够决定的，既然孩子的性格一部分取决于基因，那么父母就要在养育孩子的过程中，多花一些时间和精力陪伴孩子，多给孩子一些理解和尊重。相信当父母坚持用爱和自由浇灌内向性格的孩子，性格内向的孩子一定会做出让父母惊喜的表现，也会收获成长，取得进步。

编著者
2020年7月

目 录

第一章 "内向"的孩子,你不懂 ‖001

　　什么是内向型性格 ‖002
　　内向型性格与外向型性格的比较 ‖006
　　内向孩子的成功基因 ‖010
　　内向,可不是害羞 ‖013
　　给内向孩子领头的机会 ‖018

第二章 不甘于寂寞的内向孩子,
　　　　也想活跃在众人的瞩目之下 ‖025

　　给孩子机会表现 ‖026
　　勤能补拙是良训,一分辛苦一分才 ‖029
　　帮助孩子战胜恐惧 ‖033
　　再内向,也要懂得人情世故 ‖037
　　要给予孩子广阔的成长空间 ‖042

第三章 无畏无惧,心理建设让性格
　　　　内向的孩子更有底气 ‖047

　　梦想是孩子成长的明灯 ‖048

如何开发内向孩子的性格优势

不偏执，随机应变才能从容应对 ‖052
越挫越勇，百折不挠 ‖057
不攀比，淡定从容做好自己 ‖062
吃亏是福，宽容他人就是宽宥自己 ‖066

第四章　积极乐观，让成长坚韧不拔 ‖073

努力向上，踩着失败的阶梯攀升 ‖074
内向的孩子需要安全感 ‖078
换一个角度，人生豁然开朗 ‖082
学习他人的优点，摆脱自卑的泥沼 ‖086
不要沉浸在痛苦的回忆中 ‖090
赏识教育，让孩子扬起信心的帆远航 ‖094

第五章　奠定人生的基石，让性格内向的孩子未来可期 ‖099

独立思考：坚持己见是一个优点 ‖100
独立自主：放手，让孩子快速成长 ‖104
固执己见：钉子精神助力孩子成功 ‖110
自主反省：一日三省吾身 ‖114
承担责任：为自己的行为负责 ‖119

目 录

第六章　发掘内向孩子的社交优势，
　　　　　性格内向的孩子也能成为社交达人 ‖ 127

　　内向孩子也有社交优势　‖ 128
　　以喜欢的方式与人交往　‖ 131
　　金无足赤，人无完人　‖ 135
　　真诚待人，才能得到真诚相待　‖ 139
　　没有孩子喜欢孤单　‖ 142

第七章　谁说性格内向的孩子
　　　　　不爱说话，只是没有找对方法 ‖ 147

　　鼓励孩子大胆表达　‖ 148
　　学会拒绝，勇敢说"不"　‖ 152
　　有的时候，委曲求全要不得　‖ 157
　　非语言沟通的独特魅力　‖ 161
　　懂幽默，为自己加分　‖ 165

第八章　树立自信，让先天不足的主动性爆棚 ‖ 169

　　小小的成功，感受自己的能力　‖ 170
　　父亲用心养育，孩子更多助力　‖ 174
　　可以被打倒，不能被打败　‖ 180
　　突破和超越自我，才能获得成功　‖ 184

第九章　性格内向的孩子更专注，
　　　　发挥内向优势增强学习力　‖191

　　面对外向的老师，如何良性互动　‖192
　　主动实践，使学习有更大进步　‖195
　　提升学习品质，争当好学生　‖199
　　灵活应对学习，不当毛毛虫　‖203
　　勤学好问，不给学习留下死角　‖207

参考文献　‖213

第一章

"内向"的孩子,你不懂

很多父母都会说自家的孩子性格内向,尤其是在孩子表现出害羞、胆怯等特点时,父母就更是以内向为孩子开脱。实际上,当父母对孩子的性格做出这样的判断时,往往意味着父母并不是真正了解孩子,也不是对孩子负责。大多数父母都并不真正懂得内向的孩子有什么特点,也不知道应该如何教育内向的孩子。作为父母,一定要加深对于性格内向的孩子的了解,才能够有的放矢地引导他们,让其表现得更好。

 如何开发内向孩子的性格优势

什么是内向型性格

丁丁九岁，已经读完了小学三年级，等到暑假过后，他就要升入四年级了。在漫长的暑假里，丁丁大部分时间都在家里看电视、看书、做作业或者玩玩具。看到丁丁这么宅，爸爸妈妈很担心丁丁不愿意和人交往，将来无法融入社会。所以，爸爸妈妈常常提议丁丁出去玩，也会带着丁丁去亲戚朋友家里做客，让丁丁和同龄人一起玩。平日里，在吃完晚饭之后，他们还会建议丁丁去楼下溜弯，鼓励丁丁和楼下扎堆的小朋友们一起玩。丁丁是一个很可爱的孩子，性格温和，所以小朋友们都很喜欢跟他玩。但是玩不了多长时间，丁丁就会离开小朋友的队伍，独自坐到一侧的长椅上休息、沉思，看着小朋友们玩。有的时候小朋友过来喊丁丁一起玩，丁丁却说自己累了，需要休息。

有几个小朋友很想和丁丁一起玩，所以故意把皮球扔到丁丁的脚边，但是丁丁只是用脚把球踢还给小朋友们，并没有站起身加入小朋友们玩球的队伍，而是继续坐在长椅上看着小朋友们玩。看到九岁的丁丁表现出不符合年龄的成熟、沉稳，也非常孤独，爸爸妈妈都很担心，小朋友们也感到很奇怪。甚至有小朋友为丁丁起了一个名字，说丁丁是"沉思者"，因为和那些活泼开朗的孩子相比，丁丁真的太与众不同了。

第一章 "内向"的孩子，你不懂

很多人都觉得外向的人更充满活力，有更强的力量做好很多事情，而内向的人往往缺乏活力，力量也比较薄弱，对于很多事情都表现出无力感。实际上，这只是表面现象。古往今来，很多内向性格的人都拥有了伟大的成就，甚至改变了世界，例如甘地、牛顿、巴菲特、林肯、普京、马云等，他们的性格都是偏向内向型的。由此可见，内向的孩子也可以有所成就。

然而，虽然有很多内向的人都做出了伟大的成就，但是世界依然是由外向的人为主导。这是因为外向的人更喜欢喧嚣的世界，在做事情的时候也会表现出更强的爆发力。这使得寥寥无几的内向者在外向的人群之中显得格格不入。尤其是外向者强大的张力，使得他们非常强势。在这样的对比之下，内向者显得更加沉默，也处于弱势的地位。渐渐地，父母们也就形成了一种错误的思想，认为内向的孩子远远不如外向的孩子优秀，将来也不会像外向的孩子那样有所成就。殊不知，这样的误解将会影响孩子的一生。

古希腊著名哲学家苏格拉底曾经说过：认识你自己。这意味着每个人最重要的事情就是认识自己。只有在认识自己的前提下，每个人才能更好地认识外部的客观世界，也才能体察到自己的心理和行为，对自己有更深刻的感知。尤其是在社会生活中，认识自己的行为可以让我们完善自我，有更好的成长表现。

很多孩子并没有发展出自我评价的能力，他们对于自己的评价往往来自于父母对他们的评价。遗憾的是，父母也未必知

如何开发内向孩子的性格优势

道应该如何评价孩子,更不知道内向到底是怎么回事儿,这使得他们在与性格内向的孩子相处时,会对内向的孩子产生很多误解。那么,什么是内向性格呢?内向性格通常有以下表现。

首先,内向性格的人不喜欢说太多的话,他们更喜欢心有灵犀的感觉。在人际交往的过程中,沟通是最重要的一种交往渠道,外向者总是喋喋不休,他们仿佛有说不完的话,而且他们看起来知识面很广,不管说到什么话题都能发表自己的见解。和外向者相比,内向者则是完全不同的。内向者不会像外向者那样滔滔不绝、口若悬河,他们更侧重于思考。他们需要一定的时间进行思考,梳理自己的观点,在进行周密考虑之后,他们才会用很精简的语言表达内心的想法。内向的人往往不喜欢说很多话,否则他们就会觉得自己很啰唆,也会认为自己浪费了别人宝贵的时间。内向的人还非常敏感,很善于自我反思,他们常常会反思自己说的话是否正确,自己是不是应该运用这个词语。尤其是在人多的场合里,内向者往往不会主动表达自己的观点,而只有在被他人点名的情况下,才会阐述自己的观点。这与外向者争先恐后地表达自己的特点是完全不同的。

其次,因为性格原因导致的巨大差异,外向者往往会觉得内向者不够爽快,对于自己的想法也常常会有所保留。这使得外向者在和内向者相处的时候会感到很不耐烦,因为内向者的沉默寡言,外向者甚至不愿意和内向者相处。

再次,内向者很少会积极主动地展示自己。大多数外向

第一章 "内向"的孩子，你不懂

者都有很强的展示欲望，尤其是在有机会的情况下，他们会毫不犹豫地抓住机会表现自己的优势，也会给别人带来很多的欢乐。但是内向者则恰恰相反，他们非常低调。特别是在人多的场合里，他们更希望自己能够待在一个角落里，不引起他人的注意。这不是因为内向者缺乏自信，而是因为他们更注重于自己的内心，更专注于做好自己该做的事情。他们认为很多事情都是不需要展示的，而只需要以结果来说话。这是内向者与外向者很大的不同。

最后，内向者比较胆小谨慎，他们具有敏锐的内心，犀利的眼睛，很善于观察世界的细枝末节。在人际交往的过程中，他们表现出非常友善和气的样子，不具有攻击性，而且常常会反省自己做得是否够好，是否不小心伤害了他人。有的时候，因为自己的一些言行而让别人不满意，他们就会产生负罪感。他们非常看重他人的感受，也很愿意得到他人的认可。不得不说，和外向者的粗线条相比，内向者是过于精细了。有一些内向者在意识到自己有可能伤害他人，或者是自己所说的话不那么受人欢迎的时候，甚至会赶快离开现场，再次回到自己的世界，把敞开的心扉关闭起来。这是内向者非常明显的表现之一。

作为父母，要更多地了解内向的孩子，通过观察孩子的行为，与以上三点进行对照，从而确定孩子的性格是否是内向型。当了解了孩子的性格之后，父母要根据孩子的性格特点与孩子相处。例如内向的孩子胆小畏缩，那么父母可以多多鼓励

如何开发内向孩子的性格优势

孩子，让他们变得勇敢；内向的孩子非常自卑，那么父母应该经常慷慨地表扬孩子，帮助他们树立自信。这样一来，就能够弥补孩子内向性格的弱势，让孩子在成长过程中有更好的表现。

内向型性格与外向型性格的比较

很多父母都喜欢把自己家的孩子与别人家的孩子进行比较，这种比较涉及的面很广，例如孩子的言行表现、学习表现、分数高低、礼貌礼仪等，这些都会被父母拿来作为比较的一个方面。父母们是最擅长比较的，他们轻轻松松就会把孩子与其他孩子之间进行全面的比较。父母在这么做的时候带着一个很明确的目的，就是希望自家的孩子能够向那些表现突出的孩子学习，从而让他们从各个方面获得提升。但是，孩子真的能够如父母所期待的那样向优秀者学习，并且在成长上有更为出色的表现吗？

很多教育专家都提出在把孩子进行比较的时候，要选择更合理的方式。即对孩子进行纵向比较，也就是把孩子今天与昨天进行比较，看看孩子有没有进步，而不要把自家孩子与别人家孩子比较。这是因为每个孩子的天赋不同，脾气秉性不同，成长的背景和接受的教育也不同。所以把不同的孩子放在一起比较是非常不公平，不合理的。尤其是当父母把自家的性格内

第一章 "内向"的孩子，你不懂

向的孩子拿去与别人家的外向孩子比较时，更是会让孩子感到挫败。如果父母总是以外向孩子的行为表现来要求自家的性格内向的孩子，那么就会让孩子觉得自己一无是处，还会让孩子感到非常伤心。

内向型性格与外向型性格并没有好坏之分，偏偏父母们总是说外向的孩子好，内向的孩子就像一个闷葫芦，什么话都不愿意说。也有的父母会说内向的孩子好，外向的孩子天天就像话痨一样，没有片刻停歇。实际上，好坏不能用来形容内向型性格与外向型性格。从本质上来说，外向型性格与内向型性格是没有好坏之分的。有的时候，外向的孩子会表现出一定的优势；有的时候，内向的孩子会表现出一定的优势。作为父母，要尊重自家孩子的性格，看到孩子在性格方面所占据的优势，也因势利导地引导孩子发挥性格优势，快乐地成长。

柏拉图曾经说过，好的教育是帮助儿童发展潜能，使儿童能够发挥自己的特长，成为自己最想成为的人。对于父母而言，不管孩子的性格是内向还是外向，父母都要对孩子进行适宜的教育，让孩子扬长避短，帮助孩子成为最好的样子。得到充分发展的孩子，在社会生活中将会找到属于自己的位置。作为内向孩子的父母，一定要对孩子加深了解，而不应盲目地让内向的孩子学习外向的孩子，否则违背了孩子的脾气秉性，也会引起孩子的抵触，往往事倍功半。

性格很大程度上都取决于基因。通常，我们说孩子是外向还是内向，很大程度上取决于孩子与生俱来的内向或外向的

如何开发内向孩子的性格优势

性格。以辩证唯物主义的观点来看，每一种性格都各有优势，不分好坏。父母应该学会欣赏孩子，也要接纳孩子的性格。从整体上来进行比较，父母会发现外向的孩子行动能力非常强，他们具有充沛的精力，在各个方面的能力也都很强。所以他们在很多方面都有非常出色的表现，更能够得到他人的认可和赞赏。尤其是在人际交往中，他们总是热情开朗，言谈举止都礼貌周到，很容易成为人际交往的中心人物，有呼风唤雨的架势。相比之下，内向型性格的人则稳重踏实，有的时候还会有胆怯的表现。他们的精力没有那么充沛，虽然能力也有可能很强，但是他们却因为不愿意表现自己，所以在学习方面、成长方面会显得低调、内敛。尤其是在人群之中，他们往往喜欢躲在角落里，不愿意让自己成为众人关注的对象。

　　具体来说，内向的性格也是有优势的。首先，内向的孩子更善于独立思考，更专注，而且有恒心和毅力，能够把一些看似很难完成的任务完成得很圆满。相比起外向孩子的机灵，内向的孩子看起来有些呆头呆脑的，甚至因为严格地遵守一些规矩或者法律，所以会给人留下刻板、迂腐的印象。但是，这并不意味着内向的孩子智力低下，更不意味着内向的孩子不能成才。父母应该顺着孩子的兴趣，给予孩子积极的引导，让孩子发挥性格的优势，这样孩子才能成人成才。

　　大名鼎鼎的科学家爱因斯坦小时候非常内向。大多数孩子一岁多就会说话了，但是爱因斯坦直到三岁多还不会说话，这让父母误以为爱因斯坦的智力发育有问题，甚至一度担心爱

第一章 "内向"的孩子,你不懂

因斯坦是天生的哑巴。经过医生的全面检查之后,证明了爱因斯坦的发育正常。但是爱因斯坦说话非常晚,而且说话不够利索,直到九岁,他讲话还磕磕巴巴的。爱因斯坦为何在语言发展方面呈现出滞后的态势呢?就是因为他必须经过认真的思考才能说话。

爱因斯坦很善于思考,而且很用心地观察。他虽然看起来呆头呆脑的,但是他的大脑在飞速运转。他总能做出一些让人惊奇的事情。尽管爱因斯坦在很多方面都不如其他孩子,但是爸爸始终坚信爱因斯坦在某些方面会比其他孩子表现得更好。正是在父母的支持、信任和鼓励之下,爱因斯坦才能健康快乐地成长,最终成为伟大的科学家。作为父母,我们一定要有耐心地陪伴孩子,也要能够欣赏孩子的优势和特长。这样即使孩子的性格有些内向,也能够发挥所长,有所成就。

其次,内向的孩子做事情更加专注。内向的孩子专注力更强,因为他们不像外向的孩子那么喜欢与人交往,也没有很多朋友。和外向的孩子朋友遍天下相比,内向的孩子会有几个知心的好朋友。除了与朋友相处之外,他们会把很多的时间和精力都用于学习和提升自己,这使得他们做事情时更加专注,也更容易取得成果。

当然,一个人不管是性格内向还是外向,都会影响他们的社会活动。虽然内向和外向是天生的,但是随着年龄增长,性格也会发生微妙的变化。例如,当一个人人际交往的范围非常广,而且拥有很多朋友的时候,他们就更倾向于外向;当一个

人的人际交往范围比较小，而且更倾向于自己的内心时，他们就会变得内向。所以有一些人并不是绝对外向或者内向的，而是会在这两者之间进行转换。

需要注意的是，内向并不意味着害羞，外向也并不意味着大方。父母在培养孩子的时候，不要因为孩子内向就对孩子有错误的评价，内向者具有很多性格优势，父母要发掘出孩子所具有的这些性格优势，给予孩子积极的引导和帮助，这样孩子才能发挥性格优势，避开性格劣势，快乐成长。

性格内向孩子的成功基因

每个父母都望子成龙，望女成凤，都渴望着自己的孩子能够健康成长，有所成就。尤其是看到那些成功者顶着耀眼的光环时，父母更是迫切地希望自家的孩子也能够成为不折不扣的成功者，也能够获得众人的仰慕和尊重。看看古今中外的那些成功者，观察和分析他们的成长经历，就可以发现每个成功者都具备成功的特质。例如，他们充满信心、有决心、有毅力；他们有很强的自制力，而且非常善于思考；他们具有积极的心态；他们非常渴望成功等。这些都是成功者的共同之处，然而，这些成功者真的是十全十美，且没有任何缺陷和瑕疵的吗？当然不是。每一个人都不可能十全十美，而是既有优势，也有缺点。成功者也是如此。很多人都喜欢成功学大师卡

第一章 "内向"的孩子,你不懂

耐基,却不知道自信成功的卡耐基在小时候也是非常胆怯害羞的,甚至还有一些自卑。那么,卡耐基是如何成为成功学大师的呢?这是因为他战胜了自己在性格方面的弱点。

卡耐基小时候出生在一个贫苦的家庭里,他的父亲非常悲观,生活也很不如意。因为家境贫穷,卡耐基的身材又瘦又小,智力发展很一般。最重要的是,他非常内向害羞,还常常表现出忧郁、胆怯的性格特点。但是,卡耐基非常幸运,虽然他的父亲很悲观,但是他的母亲却是非常乐观坚定的。他的母亲是一位基督徒,虽然生活贫苦,却总是能够怀着感恩之心面对生活,正是母亲的表现让卡耐基对人生充满了希望,有勇气战胜接踵而至的困难。

尽管贫苦的生活让卡耐基深深地感到自卑,但是因为看到了母亲与生活进行的不屈不挠的斗争,始终充满积极和热情地战胜了生活中的各种困难,卡耐基受到了深刻的影响。他一边感到自卑,一边又渴望着自己有朝一日能够有所成就,出人头地。他每时每刻都在试图寻找一种有效的方法改变自己的状况。最终,他发挥了演讲的天赋,在学校里凭着演讲的影响力和号召力,成为了一个很有名气的学生。就这样,卡耐基渐渐找回了信心,战胜了人生中的坎坷挫折,也战胜了自身的羞怯懦弱,成为了一位伟大的心灵导师,影响了无数人,也让无数人从平庸走向成功。

很多父母都觉得孩子内向,不可能快乐地成长或获得成功。实际上,只要能够发扬内向性格的优势,就能够助力孩子

011

获得成功。父母要知道，内向的孩子并不是完全一样的，可以说，每一个内向的孩子都有自己的特点：有的孩子墨守成规；有的孩子富有创造性；有的孩子稳重踏实；有的孩子具有丰富的想象力；有的孩子做事情认死理，反应迟钝……虽然这些性格特点并不是绝对的优势，但是和外向者的很多特点相比，这些性格特点能够转化为优势。关键在于，父母要以赏识的态度看待孩子的这些优势，也要切实有效地增强孩子在学习、生活方面的信心，这样孩子才能获得巨大的成功。

除了要发挥性格内向的孩子性格中的优势之外，还要把性格内向的孩子性格中的劣势转化为优势。很多事情都不是绝对的，我们要学会以辩证唯物主义的观点一分为二地看待孩子的性格特点。孩子没有绝对劣势的特点，只要换一个角度来看，使其得到合理的利用，就有可能转化为优势。例如，很多内向的孩子都沉默寡言。看起来，在人际交往的过程中，这样的沉默会让孩子处于劣势地位。实际上，如果孩子能够适时沉默，并且做好自己该做的事情，那么他们就能够把沉默的特点转化为优势。还有一些孩子非常胆小谨慎。这样的孩子因为缺乏勇气，并不适合从事需要勇敢面对的工作，但是如果孩子从事那些需要认真仔细、非常严谨地去完成的工作，就会有很出色的表现。总而言之，同样的一个特点放在不同的情境中，就会表现出不同的作用。所以，父母要更深入地了解孩子。如果孩子不知道自己性格中的优劣势，那么父母可以引导孩子客观地认识自己，也可以让孩子在适当的情况下进行优劣

第一章 "内向"的孩子,你不懂

势的转换。

曾经有教育学家说过,教育的艺术并不在于向孩子传授本领,而是要激励、唤醒和鼓舞孩子,让其发挥自身的潜能,获得成长和成就。对于孩子而言,不仅学习知识、技能要遵循这样的道理,性格成长也要遵循这样的道理。

父母要无条件地接受孩子,也要发自内心地爱孩子,即使孩子的表现不能让父母满意,父母也不要埋怨、讽刺孩子。父母要以极大的耐心鼓励孩子,还要督促孩子抓住各种机会表现自己,这样孩子才能从自卑胆怯的状态进入到充满勇气的状态。很多孩子的缺点都不是致命的,父母没有必要督促孩子改正这些缺点,毕竟人无完人。孩子正是因为有了这些缺点,才成为了自己,也正是因为有了这些缺点,才变得更加可爱。当父母以赏识的目光看待孩子时,这些缺点甚至能够让孩子获得巨大的成功!

内向,可不是害羞

帅帅是一个很帅气的小男孩儿,他有着大大的眼睛,高挑的身材,白皙的皮肤,人见人爱。但是,他有一个很不好的特点,那就是他特别害羞。帅帅已经十岁了,还是不愿意和小朋友们交往,他总是独来独往。有一天,家里来了客人,看到帅帅放学回到家里,客人当即招呼帅帅说:"帅帅长大了,变成

如何开发内向孩子的性格优势

大小伙子了！"帅帅只是腼腆地笑了笑，根本没有回应客人，就背着书包钻到了自己的房间里，再也不愿意出来。即使妈妈劝说帅帅出来和客人打招呼，帅帅也拒绝了。帅帅这样的表现，让妈妈感到很尴尬。

帅帅不仅在家里很容易害羞，在学校里他也不愿意参加集体活动。每当班级里有活动的时候，其他同学都踊跃报名，帅帅却总是推三阻四。帅帅很擅长弹吉他，但是他从来没有在同学面前表现过。有一次，班级里要召开一个联欢会，老师点名让帅帅演奏吉他，帅帅却拒绝道："不行，不行，不行！"说着，他的脸都红了。被帅帅回绝，老师感到很失望，就和帅帅的妈妈沟通。帅帅妈妈对老师说："我当然希望他能够在同学们面前展示自己，但是他实在是太害羞了，这让我非常苦恼。他演奏吉他的水平很高，还能够自弹自唱呢，但是我不知道自己能否说服他参加学校的演出。"最终，妈妈费劲唇舌也没有说服帅帅，帅帅就这样错过了一个展示自我的好机会。

帅帅是典型的内向型性格，所以他在看到客人的时候，才不愿意和客人打招呼，在有机会展示才艺时，也才会表示拒绝。实际上，对于帅帅来说，这是非常难得的机会。如果换作一个性格外向的孩子，他们即使得不到这样的机会，也会积极地争取，这是因为他们很清楚这个机会有多么珍贵！

和性格外向的孩子比起来，性格内向的孩子更害羞。虽然害羞是性格内向的孩子的一个特点，但是内向和害羞之间却并不能划上等号。害羞是一种正常的反应，很多人都会有害羞

第 章 "内向"的孩子,你不懂

的心理,例如很多大明星久经舞台考验,每次进行个人演唱会之前,他们也还是会感到非常紧张。所以说我们要正确对待害羞,包括父母在内的很多成人在一些重要的场合里,也难免感到紧张,出现害羞的表现。虽然适度的害羞可以让人的言行举止更加得体,也可以让人表现得更好,但是过度害羞却会影响孩子的学习和交往。父母要多多鼓励孩子,让孩子努力克服害羞的性格特点,改变自己的行为。

害羞者的表现只有极少部分取决于生理反应,而更大部分取决于性格和环境。害羞者往往具有极强的自我意识,他们很容易沉迷于自我的状态之中。有的时候,他们会因为怀疑自己表现不佳,而进入自我批判的状态。尤其是在处于人群之中的时候,他们的这种表现会更加明显。当害羞到达一定程度的时候,还会出现恐惧反应。从这个角度来说,害羞也是一种社会焦虑。很多害羞的人都会在社会交往中感到紧张不安,也因此而越来越害羞。也有少部分害羞者是因为遗传的原因,所以才会害羞。总而言之,害羞受到年龄、情境等各种因素的影响。那么父母在发现孩子害羞的时候,不要一味地指责孩子,而是要综合这些方面的因素来评定孩子的行为表现。

害羞的人不但不喜欢在人群之中,也不喜欢与他人面对面地交谈。这一则是因为他们不想受到众人的瞩目,二则是因为在与人面对面地交谈时,他们会感到非常尴尬。内向的孩子之所以害羞,是因为他们没有充足的精力,而且他们很善于思考,往往会把一些简单的问题想得更加复杂。尤其是在人多的

如何开发内向孩子的性格优势

时候，他们更想要独处。他们内心深处渴望得到友谊，而实际上却又因为担心自己不能与对方很好地交往，导致退缩和逃避行为的产生。从这个角度来说，这也是孩子在社会情境中没有信心的表现，所以孩子才会过于担心他人对自己的看法，让自己陷入左右为难之中，不知道自己应该怎么做。

一朝被蛇咬而十年怕井绳，如果孩子在人际交往的过程中受到伤害，这种心理创伤一直没有得到修复，那么他们也会表现出害羞的行为。害羞也是一种感觉，在特定的情境中，人更容易表现出害羞的特点。例如在很多情况下，害羞的人会觉得大家关注的焦点都在他的身上，这会使他就像站在舞台上的聚光灯之下一样，感到紧张不安。为了逃避，他们恨不得找一个地方把自己藏起来。有一些人因为过于紧张，还会颤抖、冒汗，心跳加速。在此过程中，他们越来越怀疑自己，觉得自己在很多方面的表现都不好，也觉得自己受到了大家的嘲笑，这让他们越来越畏缩。

虽然内向和害羞之间并不能划上等号，但是如果孩子总是缺乏自信，总是陷入自卑的状态之中，对于周围的人和事也过于敏感，那么他们就会受到害羞的不良影响。为了帮助孩子缓解害羞的情况，父母应该怎么做呢？

首先，预防孩子出现情境性害羞。所谓情境性害羞，就是当孩子处于某种特殊的情境之中时，他们害羞的表现会更为明显。有些孩子是因为自卑而感到害羞，那么父母可以为他们穿上美丽的衣服，让他们渐渐地适应被别人关注。还有一些孩

第一章 "闪问"的孩子，你不懂

子是因为觉得自己学习不好，所以才感到害羞，那么父母要帮助孩子树立信心，让孩子知道虽然他们在学习上处于劣势，但是在很多方面的表现还是非常好的，从而渐渐地帮助孩子找回自信。

其次，很多孩子是因为心中有心结没有解开，所以会害羞。例如孩子在第一次上台演讲的时候，因为紧张而忘词了，那么等到再次上台演讲的时候，孩子就会非常害羞。当发生这种情况时，父母要帮助孩子解开心结，让孩子知道每个人都会犯各种各样的错误，也会表现得不尽如人意，鼓励孩子再次勇敢地尝试，再来一次，说不定就能获得成功呢？当然，在此过程中，不要给予孩子过大的压力，否则孩子会更加紧张。

最后，大多数孩子会在置身于人群之中，或者是面对陌生人时出现害羞。在这种情况下，父母要鼓励孩子多多结交朋友。如果孩子习惯了和很多朋友在一起相处，那么他们就不会再害怕在人群中生活。除了要让孩子结交更多的朋友之外，父母还要让孩子学会一些技能，这样孩子在与人交往的时候就可以发挥一技之长帮助他人。如果孩子拥有了固定的人际圈，常常和熟悉的朋友在一起玩耍，他们就会得到更多的快乐。

每个孩子都需要同龄人的陪伴，才能健康快乐地成长。他们会变得更加宽容，更有爱心，更加热情，更加活泼。当然，这需要循序渐进地进行。父母要尊重孩子的朋友，也要创造各种机会让孩子与同龄人相处，这对帮助孩子克服害羞胆怯的心理状态会非常有效。

如何开发内向孩子的性格优势

当然，不管采取哪种方式帮助孩子战胜害羞的心理，父母都要牢记一点，那就是孩子非常在意父母的负面评价。在抚养孩子成长过程中，父母不要总是批评和否定孩子，而是要多多鼓励孩子，给孩子更多的机会去做想做的事情，当孩子取得小小的进步时，父母还要慷慨地鼓励孩子，赞美孩子，这会使孩子变得越来越自信，自然也就不会再被害羞所困扰了。

给内向孩子领头的机会

九岁的小雨长得高高大大，但是看起来却蔫头搭脑的，没有精神。看到小雨这个样子，妈妈总是很担忧：等将来长大了，如何与周围的人相处呢？尤其是在见到陌生人的时候，小雨总是躲藏在妈妈的身后，或者把自己关在房间里，不愿意和陌生人搭讪。无奈之下，妈妈只好给小雨找了一个牵强的理由，告诉大家小雨非常害羞，不喜欢说话。这个理由让小雨更加心安理得地享受自己孤独的生活。不过，小雨在学习上的表现还是很不错的，只是在人际交往上的主动性很差而已。妈妈越是给小雨找到了这样的理由，小雨就越是不喜欢和周围的人相处，妈妈根本不知道问题出在哪里。

一个周末，小雨和妈妈去菜场买菜，远远地就看到老师也在菜市场里选购水果。小雨心里很想走过去和老师打招呼，但是他思来想去，始终都迈不开脚步，张不开嘴。就这样，老师

第一章 "内向"的孩子，你不懂

买完水果渐渐走远了。其实，老师早就看到了小雨，但是老师知道小雨是一个非常内向害羞的孩子，因而不想让小雨为难，所以没有主动和小雨打招呼。当看到小雨也不想主动和他打招呼时，他就只好拎着水果离开了。小雨非常担心，不停地琢磨着：我没有和老师打招呼，老师会不会因此而不喜欢我呢？如果老师不喜欢我了，那我可真是犯大错了。

在回家的路上，小雨一直忧心忡忡的。看着小雨心不在焉的样子，妈妈再三追问，小雨才说出了原因。妈妈忍不住批评小雨："你这个孩子都长这么大了，怎么一点礼貌也不懂呢！在学校里遇见老师要问好，在校园外面遇见老师更要问好！你这么做，老师原本那么喜欢你，现在肯定不喜欢你了。我看，你就祈祷老师没有看见你吧！"到了学校之后，小雨总觉得老师对他的态度有了很大的改变，不像之前那样对他非常热情。他特别懊悔，觉得自己做了一件天大的错事。

内向的孩子不但不喜欢说话，而且不喜欢主动和人交往。有的时候，别人向他们表示友好，主动与他们搭讪，他们会积极地回应。但是如果让他们主动和别人搭讪，营建与他人之间良好的关系，他们往往很难做到。就像事例中的小雨，他在理智上知道自己应该和老师打招呼，但是他在行动上却做不到。不得不说，这使他陷入了非常纠结的状态，对他来说也是一种折磨。

如果小雨能够鼓起勇气，变得更加主动，那么他一定会毫不迟疑地和老师打招呼。遗憾的是，小雨因为被妈妈贴上了

如何开发内向孩子的性格优势

害羞、不喜欢说话等标签,所以他越来越害羞了。为了改变孩子这样的行为,父母切勿给孩子贴标签,而是要积极地鼓励孩子。例如,妈妈可以鼓励小雨和他人打招呼,也可以告诉他人小雨非常有礼貌。心理暗示的作用是很强大的,相信当妈妈坚持这么做的时候,小雨就会渐渐地改变。

既然父母知道孩子的性格很内向,也知道孩子会因此而在人际交往方面遇到障碍,那么就不要再给孩子找理由,从而让孩子可以理所当然地逃避与人交往。在孩子的人际交往方面,父母的态度应该是更加积极的。父母虽然要无条件地接纳孩子、爱孩子,但却不能纵容孩子。当发现孩子在性格方面有一些缺陷的时候,父母也不要嘲讽孩子,这是因为孩子的自尊心是很强的,有的时候父母一句无心的话就会伤害孩子自尊心,甚至让他们破罐子破摔。总而言之,父母要从言行举止上给予孩子大力的支持。

首先,要给孩子领头的机会。很多内向的孩子从小就表现出害羞的特点,例如他们不喜欢和陌生人说话;在人群之中不敢发表自己的观点和看法;有需求却不敢表达出来;在公共场合里总是躲在大人的身后,生怕自己被别人注意到。对于孩子的这些表现,父母都应该留心。在此过程中,父母要给孩子创造更多的机会,使孩子有机会与人相处,也使孩子有机会能够成为领头者,在同龄人的群体中发号施令。

也许有些父母会说,家里一共三口人,孩子要对谁发号施令呢?的确,现代社会中有很多家庭里只有爸爸、妈妈和孩

第一章 "内向"的孩子,你不懂

子。又因为生活在城市的钢筋水泥之中,所以孩子很难有机会成为孩子王,在同龄人的群体中起到带头的作用。为了让孩子改变害羞的特点,为了让孩子内向的性格有所变化,父母可以创造合适的机会,让孩子成为孩子王。例如,父母可以带着孩子去同龄人多的地方玩耍,也可以多邀请客人来家里做客,这样孩子就有机会去做想做的事情,也可以表现出自己在人群中的号召力和影响力啦!

大多数内向的孩子都比较胆小,父母要锻炼孩子的胆量。很多人都说智慧和胆量是并存的,对孩子而言,智慧和胆量也是同等重要的。内向的孩子为何会胆小呢?是因为他们较少放肆地玩耍,缺乏玩耍的经验,也很少与大自然接触。如果父母能够经常带孩子去户外玩耍,锻炼孩子的胆量,增强孩子的勇气,相信孩子的表现会越来越好。

当孩子在户外与同龄的小伙伴玩得不亦乐乎的时候,父母不要过多地限制孩子。很多父母都会觉得孩子会把自己玩得脏兮兮的很麻烦,也会觉得孩子玩一些游戏非常危险。在保证孩子安全的情况下,父母应该支持孩子玩耍,因为孩子的天性就是爱玩。很多内向的孩子都表现得非常拘谨,也会很努力地控制自己,实际上,这对于年幼的孩子来说并不是一件好事情。父母要做的事情是让孩子能够放下一切去放肆玩耍,在此过程中,相信孩子的胆量会得以增强,孩子的内心也会越来越强大。

其次,在家庭生活中,父母要给孩子很多表现的机会,让

如何开发内向孩子的性格优势

孩子做力所能及的事情。如今很多家庭里都只有一个孩子，爸爸妈妈对孩子照顾得无微不至，也会对孩子保护得非常周全，这使得孩子的自理能力很差，也使得孩子不能认知到自身的能力有多强。事实证明，心灵与手巧是密切相关的。那些动手能力强的孩子往往更加自信，充满勇气，能够战胜很多困难。父母在家庭生活中，在抚养孩子成长的过程中，要尽量对孩子放手。孩子的能力在持续地增强，父母要用与时俱进的眼光看待孩子，给孩子机会去做更多的事情。不要担心孩子会把家里弄乱或者会把家里的东西弄坏，因为这些东西与孩子的成长比起来并不那么重要。父母要根据孩子所处的年龄，有意识地对孩子放手，让孩子的自理能力越来越强。

最后，为孩子提供机会去表达。所有的能力都可以通过反复训练得到提升。父母要想让孩子从一个闷葫芦变成一个侃侃而谈的人，就应该为孩子创造说话的机会。也许孩子一开始会说得结结巴巴，但是随着练习的次数越来越多，他们会说得越来越流利。英国前首相丘吉尔曾经患有严重的口吃，连说话都不好意思说，更别说是当众演讲了。但是后来他意识到逃避并不是好办法，必须勇敢面对才能解决问题，必须想方设法地去做自己想做的事情，才能得到预期的结果。所以丘吉尔战胜了内心的胆怯，成为了伟大的演讲家和政治家。

让孩子练习说话，不要强求孩子。有些孩子在家里很少和父母说话，那么父母不要要求孩子在公共场合里侃侃而谈。父母可以先尝试着打开孩子的心扉，与孩子之间进行交流，等到

第一章 "内向"的孩子，你不懂

孩子能够在家庭生活中自由地说话和表达之后，再为孩子创造机会，让孩子当着很多人的面说话，这样会起到更好的效果。

总而言之，要想让孩子建立自信，必须经过一个漫长的过程。所谓江山易改，禀性难移，对于天生内向或者外向的孩子来说，要想让他们改变自己的脾气秉性，是很难的。父母要做的不是强求孩子改变，而是给孩子提供一些机会，让孩子能够扬长避短，也让孩子能够发挥自己性格方面的优势，获得更为快乐充实的成长，这才是最重要的。

第二章

不甘于寂寞的内向孩子，也想活跃在众人的瞩目之下

很多人把内向的孩子形容成一沟绝望的春水，即使轻风吹拂，也不会起半点涟漪。事实上，这样的评价对于内向的孩子是很不贴切的。内向的孩子并非不想活跃，而只是因为受到性格的影响，所以很多时候并不能真的如内心所期望的那样表现出热情而已。如果父母知道内向的孩子在冷漠孤僻的表象之下，有着一颗充满热情的心，那么就会更加耐心地帮助内向的孩子，让内向的孩子也拥有快乐充实的童年。

如何开发内向孩子的性格优势

给孩子机会表现

很多内向的孩子都不擅于表现自己，尤其是在人多的场合里，他们恨不得躲在角落里，避免被他人看到。他们也不想在众人面前表现出自己的优点和能力，所以人们对他们的理解常常不够，也不知道他们到底擅长什么，更不知道他们内心的所思所想。正是因为如此，内向的孩子给人留下的印象才会很平淡，甚至有些人对内向的孩子毫无印象。在大多数人眼中，内向的孩子没有杰出的能力，因此即使有机会，他们也不会想到留给内向的孩子，让他们展示自己。

实际上，当看到自己持续地与机会失之交臂的时候，内向的孩子往往会感到非常遗憾。毕竟每一个人都希望拥有成长的动力，内向的孩子也是如此。如果家里有一个内向的孩子，父母一定不要埋没了孩子，而是应该让孩子积极地做一些事情，满足孩子做事情的欲望，也给孩子更多的机会展示自己。

从新生命呱呱坠地的那一刻开始，很多父母都一厢情愿地开始为孩子设计人生，设计未来。他们的设计都千篇一律，即都希望孩子拥有好的学习表现，考取很高的分数，将来能够考上理想的大学，拥有一份人人羡慕的工作。父母对孩子的期望如此统一，为何孩子们长大之后却各自拥有各自同异的人生呢？这是因为大多数孩子都背离了父母的愿望，不管因为什么

第二章 不甘于寂寞的内向孩子,也想活跃在众人的瞩目之下

原因,可以肯定的一点是,他们之中有很多人因为内向的性格而埋没了自己的才华,又在被长期埋没的过程中失去了奋斗的勇气和信心。渐渐地,他们从心有不甘到心甘情愿地做一个隐形人,不得不说,这对于孩子的一生是莫大的悲哀。

看到这里,父母也许会感到疑惑,前文不是说过江山易改,禀性难移吗?我们又不能彻底改变孩子的性格。的确,这里所说的意思并不是让父母改变孩子的性格,而是希望父母能在孩子小时候就多多关注孩子,发现孩子的性格特质,知道孩子的性格偏向于内向,不擅长表现自己,所以需要对孩子因材施教。当父母能够以恰当的方式培养性格内向的孩子,孩子在成长过程中就会出类拔萃。

很多父母发现孩子非常内向之后,就会顺从孩子的天性,总是不给孩子机会去做他们想做的事,也不给孩子机会表现自己。看起来,这是保护孩子,不想让孩子为难,实际上这样会限制孩子的发展。每个孩子的性格形成都受到家庭教育的影响。即使在孩子进入学校之后,家庭也依然承担着塑造孩子个性的责任。父母不应该忽略了对孩子个性的培养,而是应该及时发现孩子在性格方面的优劣势,完善孩子的性格,这样孩子才能顺利地进行社会化,拥有更加充实精彩的未来。

人们常说,一个人只有坐得住冷板凳,才有可能获得成功。这不是因为能够坐得住冷板凳的人才能耐得住寂寞,而是因为一个人愿意坐冷板凳,必然是他们很愿意默默地成长,持续地积累。孩子们的内心都渴望获得成功,但是浮躁的心态

是成功的大敌。父母要告诉孩子，暂时不能够被他人关注或者获得他人的帮助都没有关系，我们只有先持续地增长自己的能力，才能够得到他人的瞩目。

在孩子遭遇挫折的时候，父母不要打击孩子，而是要积极地鼓励孩子；当孩子有强烈的表现欲望时，父母不要压制孩子，而是应该给孩子机会表现自己。自信是孩子成长必不可少的积极心态，很多父母却偏偏在无意识之间做出伤害孩子自信心的行为，让孩子的自信心受到打击。父母要知道，好孩子都是夸出来的。如果总是批评和否定孩子，孩子就会渐渐地陷入沮丧和绝望之中。反之，当孩子有机会表现自己，也因此而赢得他人的赞赏时，他们的自我感觉就会越来越好，他们也会更积极地表现自己的能力。

父母一定要学会对孩子放手，不要总是压制孩子做事的欲望。如果父母总是对孩子采取包办的方式，那么孩子就会越来越缺乏自信心。他们会被自己的劣势和弱点束缚住手脚，尤其是当看到父母们把每件事情都做得又快又好的时候，他们就更加不敢轻易尝试。随着不断成长，如果父母开始给孩子交代一些任务，但是孩子却因为缺乏锻炼而不能顺利地完成这些任务，那么父母就会忍不住责怪或者贬低孩子。如此一来，孩子的成长就陷入了恶性循环之中，他们会更加缺乏自信，更加不敢尝试。一个束手束脚的孩子，各个方面的能力必然越来越弱。

小小的孩子就会表现出很强烈的动手欲望，例如一岁的

孩子试图自己拿起汤勺吃饭，试图自己举起水杯喝水，他们还会尝试着把自己的袜子拽下来，更何况是更大一些的孩子呢？所以父母一定要确保满足孩子动手的欲望，让孩子的自主性得到良好的发展。孩子小时候多多尝试，甚至经常遭遇失败，都是没关系的。这样他们的内心才能变得越来越强大。反之，如果父母总是代替孩子去做很多事情，让孩子就像在温室里的花朵一样长大，那么孩子的性格就会更加内向，更加羞怯。在适宜的条件下，父母还要激发孩子的勇气，让孩子勇敢地尝试。当然，一定要在保证孩子安全的情况下。即使偶尔孩子受到了小小的伤害也没关系，毕竟正如人们常说的，不经历无以成经验。孩子要想拥有更精彩的人生，就必须丰富自己的经历，拥有更多的人生经验。

勤能补拙是良训，一分辛苦一分才

很多孩子都喜欢看《喜羊羊与灰太狼》这部动画片。有些孩子很喜欢动画片中的懒羊羊，懒羊羊真的非常懒，它又懒又胖，常常只想纹丝不动地躺在床上。有的时候，他不想学习，不想工作，只想衣来伸手，饭来张口。不管做什么事情，他都把自己照顾得非常好。他认为，吃饱肚子仰着肚皮晒太阳，就是人生中最大的幸福。那么作为孩子，他们是否会和懒羊羊有一样的想法呢？

现代社会，大多数家庭里都只有一个孩子，这使得父母把所有的精力和爱都投入到孩子身上。如果父母非常勤快，把孩子照顾得无微不至，那么孩子渐渐地就会变成现实版的懒羊羊。他们什么也不想做，甚至也不想学习。看到这里，有些父母肯定会觉得不以为然：谁家的父母不是把孩子照顾得无微不至呢？照顾孩子是为了让孩子成长得更好，怎么就让孩子变成了懒羊羊？不管父母们对此是否认可，无数的事实都证明了一个道理：如果父母非常"懒惰"，就能养育出勤快的孩子；如果父母太过勤快，孩子就会变得越来越懒惰。需要注意的是，这里所说的父母"懒惰"是艺术性的懒惰，是教育策略上的懒惰，而不是真正行为上的懒惰。否则，如果父母把家里弄得乱糟糟的，不愿意做任何家务，那么孩子就会受到父母的负面影响。

要想培养出勤快的孩子，让孩子更加活跃，更加充满信心，父母就要学会艺术性的懒惰，就要在教育方向上有意识地懒惰。这样才能给孩子更多的机会去做他们需要做的事情。在此过程中，也可以培养孩子的独立能力。有一些父母对孩子事无巨细全都包办，那么孩子只会越来越胆怯畏缩。在此过程中，他们的自信心也会持续下降，对任何事情都不敢积极地尝试。

很多父母都抱怨孩子的性格太过于内向，不够活跃，看到陌生人就会感到害怕和害羞，在班级里也没有勇气竞选班干部，不想为同学们服务。那么，父母有没有想到孩子为什么会

第二章 个甘于寂寞的内向孩子，也想活跃在众人的瞩目之下

出现这样的情况？这些孩子在这些方面的表现不但会让父母产生困扰，而且也会让孩子的发展受到局限。孩子们在六岁前后就会进入校园接受系统的学习。随着接触的老师、同学越来越多，他们的竞争意识也渐渐地发展起来。每个孩子都渴望自己能够在学习上有出类拔萃的表现，也希望自己能够获得成功。那么，父母要想让孩子在这些方面获得更快速的成长，就要培养孩子勤奋的品质。尤其是当孩子就像是班级里的懒惰分子一样，根本不愿意动弹的时候，父母就更是要给孩子更多的机会，培养孩子勤奋的品质，让孩子从自卑到自信，从胆怯畏缩到勇敢无畏，从逃避到勇敢面对，这样孩子才会有本质的改变。

　　晨晨是家里的独生子女，虽然已经八岁了，但是她被爸爸妈妈惯坏了，什么事情都不愿意做。一开始，爸爸妈妈觉得晨晨这样并没有什么不好，毕竟晨晨年纪还小，做很多事情都做不好，反而需要他们去善后。但是随着晨晨渐渐长大，爸爸妈妈发现晨晨变成了一个只动嘴不动手的孩子。例如，晨晨想吃早饭，但是看到餐桌上只有饭菜，还没有摆好筷子，她就会坐在那里喊妈妈拿筷子；晨晨想喝牛奶，但是餐桌上并没有现成的牛奶，她就会喊妈妈拿牛奶。妈妈意识到这一点之后，渐渐地改变了对待晨晨的方式，和爸爸统一起来坚决让晨晨自己的事情自己做。

　　有一天晚上，晨晨洗完澡之后，把自己换下来的袜子送给妈妈，让妈妈洗。妈妈对晨晨说："晨晨，你已经八岁了，可

以自己洗袜子了。很多孩子五六岁就能自己洗袜子了！"晨晨很为难地说："那我洗不干净怎么办？"妈妈说："没关系。你洗不干净，可以多洗几次，这样就会干净了。妈妈刚开始做家务的时候也做不好，现在不是做得越来越好了吗？俗话说，求人不如求己，就是这个道理呀。你如果自己能洗袜子，就不用再找妈妈帮你洗了。"

听了妈妈的话，晨晨极其不乐意。她撅着小嘴敷衍了事地把袜子洗了。看到晨晨没有洗干净袜子，妈妈什么也没有说，趁着晨晨睡着之后，又把袜子重新洗了一遍。爸爸在一旁说："与其这样费两遍事，还不如直接帮她把袜子洗好呢！"妈妈对爸爸说："如果我们总是怀着这样的心态，那么孩子什么也不会做。哪怕将来有一天已经上大学了，她也洗不干净袜子。我们现在哪怕费点儿事情，也是为了孩子的长远考虑。"听了妈妈的话，爸爸连连点头。妈妈说："你没发现吗？晨晨非常懒惰，这使她的性格也变得很内向，因为她不愿意去尝试，也不愿意积极地投入很多事情。我们要从现在开始改变她的懒惰气质，让她变得更活跃，这样对她的性格完善也是有好处的。"听到妈妈说得头头是道，爸爸由衷地对妈妈竖起了大拇指。

现代社会，在很多家庭里，孩子都不能做到自己的事情自己做。这不是因为孩子天生懒惰，而是因为父母习惯了像孩子小时候那样无微不至地照顾孩子，所以孩子也就越来越依赖父母。父母要知道，孩子正在一天天地成长，他们各方面的能力

都在提升。很多事情,孩子一开始没有能力做好,但是随着成长,孩子的能力得以提升,就可以做好了。所以,父母要循序渐进地对孩子放手,让孩子渐渐地养成自己的事情自己做的好习惯。这样一来,孩子就不会那么懒惰,他们的性格也会日渐完善。

总而言之,父母不要代替孩子去做好每一件事情。古人云,勤能补拙是良训,一分辛苦一分才。如果孩子因为缺乏自信而变得内向、懒惰,那么父母就要以对孩子放手的方式,给孩子更大的成长空间,也让孩子得到机会去做更多的事情。相信在这样持续的锻炼之中,孩子各方面的能力都会渐渐地增强,表现也一定会越来越好。

帮助孩子战胜恐惧

除了先天的性格因素使孩子的性格比较内向之外,后天成长的环境也会影响孩子的性格。如果在孩子在一个幸福快乐的家庭中成长,他们的性格就会乐观开朗;如果孩子在一个不幸的家庭里成长,他们就会渐渐地关闭心扉,变得越来越没有安全感。曾经有一个孩子,他的父母经常吵架,他的爸爸严重酗酒,每天面对父母无休止的争吵,这个孩子非常烦恼,甚至忍不住吼道:"你们还是离婚吧,我不想和你们一起生活了!我宁愿和奶奶一起生活!"听到孩子这样的话,作为父母一定要反思：是什么原因导致孩子宁愿离开最亲爱和信任的父母呢？是什么样的原因让孩子宁愿父母结束这段婚姻关系，也不想拥有完整的家庭了呢？这一定是因为父母的表现给孩子带来了很多困扰，使孩子无法承受。作为父母，要想让孩子快乐成长，要想让孩子的性格积极乐观，就应该处理好自己的情绪，也要处理好夫妻关系，这样才能为孩子营造良好的家庭氛围和成长环境，让孩子健康无忧地成长。

在抚养孩子成长的过程中，很多父母都会特别看重孩子本身，而忽略了家庭环境对于孩子造成的各种影响。还有一些父母本身性格比较暴躁，很难控制自己的情绪，也会因为情绪的爆发给孩子带来负面影响。在现代社会中，离婚率越来越高，这也使得孩子对于自己支离破碎的家庭感到很无奈，无法面对，所以变得越来越缺乏安全感，越来越内向。现代社会离婚率之所以不断升高，就是因为很多八零后九零后的父母都是独生子女，他们从小到大都得到了父母无微不至的照顾，自身的个性是非常强的，所以不愿意为了家庭而付出，不愿意理解和包容对方。有的时候，因为一言不和，他们就会选择离婚，却从来没有想到离婚会给孩子带来怎样的负面影响。

不管父母因为什么原因而离婚，孩子生活在这样动荡飘摇的家庭中，他们的内心毫无快乐可言，而是被父母的情绪垃圾塞得满满的，甚至让他们感到窒息。这使孩子承受了巨大的心理压力。因为父母经常发生争吵，他们总是提心吊胆，内心焦虑不安，渐渐地，他们的性格就会从开朗到忧郁，安全感从有到缺乏，甚至他们对父母也会从信任和崇拜到怀疑和排斥。可想而知，在这样的家庭中成长，孩子不会快乐，而且他们的人格发展还会因为父母关系、家庭关系的扭曲而随之扭曲。父母要想让孩子更加乐观、外向，就应该为孩子营造良好的家庭氛围，帮助孩子战胜恐惧。父母要知道，家是孩子赖以生存的环境，父母是孩子降临人世之后最信任和最依赖的人。由此可以看出，由父母支撑起的家庭对于孩子的人生有多么重要的意义。有些孩子因为小时候家庭生活不幸福，所以导致心理扭曲，长大之后还会出现犯罪行为，这显然是父母不想看到的。

那么，如何为孩子营造良好的家庭氛围呢？父母要做到以下几点。首先，父母要带着愉悦的情绪回家。有些父母因为工作上的压力比较大，所以回家之后还想着工作上的那些烦心事，就在不知不觉中把工作上的负面情绪带回了家，影响了家庭的和谐氛围。也有一些父母不能调整好自己的情绪，每当在工作上遇到不如意的时候，他们就会把负面的情绪发泄到孩子的身上，使孩子心惊胆战，战战兢兢。

在家庭生活中，父母的一言一行、一举一动都会影响孩子的心情。孩子看起来虽然粗心大意，而实际上他们内心是非常敏感的，也很善于察言观色。父母在下班回家时，要在打开家门之前消除负面情绪，或者暂时把负面情绪放在角落中，以免带着这样的糟糕情绪回到家里，与家人之间发生冲突，对孩子造成恶劣影响。

其次，父母不要放纵自己的情绪，而是应该学会克制。

每个人都是情感动物,每个人都会有各种各样的情绪产生,生活又不总是令人如意的。这些因素叠加起来,就会使人产生负面情绪。也可以说,负面情绪的产生是理所当然的。但是如果任由负面情绪肆意流淌,那么负面情绪就会给自己和他人带来很大的伤害。且不说负面情绪让夫妻关系变得紧张,如果夫妻当着孩子的面争吵,更会让孩子感到惴惴不安。还有一些父母会把自己的情绪发泄到孩子身上,也是会让孩子受到直接伤害的。所以夫妻之间一定要达成共识,在孩子面前要控制情绪,把自己愉悦的情绪带给孩子。即使家里真的遇到了很大的难题,也不要把这种不安传递给孩子,而是应该由父母协调去解决,一起面对。在父母齐心协力的状态下,孩子一定会获得最大的安全感。

最后,要学会调剂家庭生活的氛围,让家庭生活更多一些仪式感,多一些幸福快乐。现代社会中,很多人每天都要紧张忙碌地工作,非常辛苦,还要兼顾家庭,所以难免会顾此失彼。实际上工作并不是生活唯一的目的,工作只是为了获得更好的生活。想明白了这个道理,爸爸妈妈就会知道,如果为了工作而扰乱了生活,那就是本末倒置。在家庭生活中,也需要进行一些有趣的活动来调节气氛。例如,爸爸妈妈可以带着孩子一起看电影,可以去郊游,或者进行一次长途旅行。在此过程中,孩子既可以感受到大自然的魅力,也可以看到更多的风土人情;既能拓宽眼界,还可以增进与父母之间的关系,加深与父母之间的感情,一家人其乐融融地相处。所谓家和万事兴，就是这个道理。

一个具有安全感、内心强大的孩子，一定是平和愉悦的。即使面对那些难题，他们也能更好地成长；即使面对很多不可战胜的任务，他们也能和父母齐心协力地去努力。这样的孩子内心充满了希望，也充满了力量，他们当然不会特别内向，更不会特别胆怯和畏缩。所以，父母们一定要肩负起帮助孩子战胜恐惧的艰巨任务。首先，要为孩子提供一个幸福美好的家；其次，要为孩子树立一个很好的榜样；最后，要为孩子提供强大的助力，让孩子知道自己不管做什么事情，都有父母的支持和帮助。这样一来，孩子怎么会不越来越勇敢，越来越坚强乐观呢？

再内向，也要懂得人情世故

很多父母因为孩子内向，每当家里来客人的时候，他们会特意让孩子和客人打招呼。当孩子几次三番地拒绝与客人打招呼，父母就不会再强求孩子，而是会主动地为孩子在客人面前开脱，说孩子性格内向，不喜欢说话，很害羞等。当父母为孩子找到了如此完美的理由，让孩子逃避社交，孩子就更不愿意与客人打招呼了。孩子作为家里的小主人，这样对待客人，当然是会让客人感到不快的。如果孩子还小，不会说话，那么孩子不和客人打招呼是情有可原；然而，孩子已经长大了，应该懂得人情世故，至少要做到尊重他人，对他人有礼貌。如果父母连这个原则和底线都放弃了，那么在教育孩子的过程中就很难成功。

从礼貌的角度来说，孩子应该主动和客人打招呼。在家以外的地方遇到熟悉的人时，也应该主动地向熟人问好。当有一天孩子渐渐长大，他们离开了家庭，拥有了自己的生活和社交圈子的时候，如果他们还是这样自我封闭，不愿意礼貌周全地对待他人，也不知道礼尚往来的人情世故，那么他们的人际关系就会变得非常糟糕。也有一些父母觉得如果孩子小小年纪就学会了人情世故，会显得很世俗，会失去童真。实际上，这两者之间并不矛盾。孩子既可以充满童真，也可以做到礼貌周全。

在教会孩子人情世故方面，父母要端正心态，切勿觉得孩子小，或者认为孩子性格内向，就可以让孩子成为特例。正是因为孩子还小，不懂事儿，所以父母才要教会孩子很多事情。父母也不要觉得让孩子懂得人情世故是在为难孩子，当父母总是满足孩子不合理的要求，纵容孩子不懂得人情世故的行为，孩子即使长大以后也不会懂得人情世故。反之，当父母总是能够指引孩子做出符合人情世故要求的行为，那么孩子渐渐地就会懂得礼貌，做事情更加周全，也受到身边人的欢迎。

所谓人情世故，并不是阿谀奉承，也不是曲意逢迎。人情世故是与孩子的行为习惯密切相关的。一个懂得人情世故的孩子，形成了善待他人的良好习惯，能够设身处地地为他人着想,也能够体验他人的感受,因而在做事情的时候,不会只从自身出发,也不会犯以自我为中心的错误。父母越早帮助孩子知晓人情世故,孩子就能够尽早地形成良好的品质,也在人际交往中受到欢迎。那么,父母应该如何培养孩子洞悉人情世故呢?

首先,要让孩子懂礼貌。懂礼貌是每个人社交中的基础。礼貌就是对他人表示尊重。一个人如果想得到他人的尊重,自己首先要尊重他人。在社会交往中,只有懂礼貌的人才能够得到他人的尊重;反之,一个不懂礼貌的人,非但会在无意之中给他人留下不好的印象,还有可能会在无意之中得罪他人,这是非常糟糕的结果。

其次,生活需要仪式感,仪式感也能帮助孩子懂得人情世故。很多父母因为忙于生活,四处奔波,所以忽视了对于生活的仪式感。有一些年轻的父母在家庭生活中不会注重那些传统的节日,看起来这是非常洒脱的行为,实际上对于潜移默化地教育孩子是非常不利的。传统的节日都是中华民族特有的节日,才会得以流传下来。除了传统节日之外,在家庭生活中还有很多特别的日子,对于全家人都是有特殊意义的。如果没有仪式感,把这些重要的日子和平常一样度过了,那么孩子在成长的过程中也就无法形成仪式感,这会使孩子的生活变得非常寡淡。

具体来说,除了传统的节日之外,家庭生活中还有哪些重要节日呢?例如爸爸妈妈相识的日子、孩子的生日、爸爸妈妈

的生日、爸爸妈妈的结婚纪念日等。这些日子对于全家人来说都是非常重要的,在这些特殊的日子里举行一些特别的仪式,既可以让孩子学会感恩,也可以让孩子对生活多一些浪漫的幻想。孩子并不会天生具有仪式感,那么父母在家庭生活中就要注重仪式感,也要经常开展一些有趣的家庭活动,让孩子受到熏陶和影响。

再次,鼓励孩子和更多的人接触,融入人群之中。孩子如果总是习惯于独处,那么他是不会懂得人情世故的,因为他的生活里只有自己。但是,每个人都是社会的一员,孩子渐渐长大,也要更多地融入社会,所以父母要给孩子创造机会,鼓励孩子与更多的人接触。在人际交往的过程中,父母要教会孩子遇到特殊的情况应该怎么做。例如,遇到好朋友的生日,可以送一张贺卡给好朋友;遇到教师节,可以送一个小小的礼物给老师。这些礼物不一定要非常贵重,却要能够表现出孩子的心意。在这么做的过程中,孩子会知道自己应该心怀感恩,也应该主动地向父母或者其他人表达自己的真情实感。当孩子习惯于这么去做时,他们对身边的人就会更加关心,也会与身边的人建立关系,融洽相处。

生活中,父母可以抓住很多机会带着孩子与他人相处。例如在逢年过节的时候,父母可以带着孩子走亲访友;当家里来客人的时候,父母可以让孩子作为小主人洗一些水果给客人吃,或者让孩子为客人端茶倒水。很多爸爸妈妈总是担心家里来客人的时候,孩子在前面走来走去,会说出一些不当的话,或者会给客人增添麻烦,实际上这样的想法是多余的。如果不给孩子机会去锻炼,孩子如何能够养成礼貌待人的好习惯呢?父母一定要给孩子机会去亲身实践,这样孩子才会在切身实践之中快乐成长。

最后,懂得人情世故,要注重与他人交往的技巧。在与他人相处的过程中,很多孩子因为从小到大都被父母照顾,是家庭生活的重心,所以就在不知不觉间形成了以自我为中心的想法。尤其是有些孩子生活总是很顺利,从来没有遇到过坎坷挫折,所以他们很少有负面的情绪感受,也就不会顾及到他人的情绪感受。在这样的情况下,父母可以引导孩子进行换位思考,即站在他人的角度上理解和体会他人的感受,从而让孩子学会顾及他人的面子。

除了告诉孩子要顾及他人的面子之外,父母还应该切实做到很多方面。例如很多父母会当着他人的面批评教育孩子,这会使得孩子的自尊心受到伤害,也会使孩子的面子受到损伤。也有些父母会把自己的孩子与其他人家的孩子进行比较,这会让孩子感受到很挫败。父母这样的做法看起来是在积极地教育孩子,实际上却对孩子起到负面影响。这当然会使孩子不受欢迎,也使孩子在人情世故方面有很大的缺陷。父母要知道,家庭教育是身教大于言传的,因而不仅要给孩子讲道理,还要以实际行动给孩子做出好榜样,这样才能让教育事半功倍。

不管孩子多么内向,他们都要在这个社会上生活,他们都是社会的一员，所以父母要从小就教会孩子懂得人情世故，让孩子知道如何才能更好地与他人相处。这样不但有利于孩子发展人际关系，也有利于孩子的成长。

要给予孩子广阔的成长空间

在现实生活中，父母们已经习惯了高高在上的家庭权威形象，所以他们总是对孩子发号施令，而不想让孩子做出自己的选择。有一些父母的控制欲非常强，甚至会把孩子的事情事无巨细地安排好，这使孩子在生活中感到窒息。他们渴望获得自由的成长空间，他们渴望能够自主地做出选择，那么，父母是否应该满足孩子的愿望呢？

很多父母都会抱怨孩子在做事情的时候磨磨蹭蹭，拖延，导致原本可以又快又好地做好的事情，被拖了很长时间，而且结果却并不如愿。那么，孩子为何会采取拖延的方式来解决问题呢？这是因为孩子无法抗拒父母，但是又不得不做父母让他们做的事情，所以他们就用这样消极怠工的方式。孩子发自内心地不想做父母安排他们做的事情，效率就会极其低下。细心的父母会发现，如果我们做一件很喜欢做的事情，那么时间就会在不知不觉间流逝；如果我们做一件很讨厌做的事情，那么我们就会感到时间非常难熬，甚至每一分每一秒都是煎熬。孩子也同样如此。孩子对喜欢做的事情会做得很好，对不喜欢做

第二章 不甘于寂寞的内向孩子，也想活跃在众人的瞩目之下

的事情，则会做得很糟糕。

在这样的情况下，父母一味地苛求孩子，并不能起到预期的效果。明智的父母知道，要尊重和平等地对待孩子，这样才能让孩子表现得更好。所以他们会改变对孩子的教育策略，从强制孩子到给孩子更多自由的空间去选择。在此过程中，相信孩子会快乐地成长，也会更加信任父母。

丽丽是一个非常热情的女孩。她的性格非常友善，与同学们也相处得很融洽。对于未来的人生计划，很多同学都梦想着当老师、医生、律师等，但是丽丽的梦想却与大多数同学都不同。原来，她想开一家酒店，她想赚很多很多的钱，然后去做慈善事业。听起来丽丽的这个梦想很伟大，因为丽丽是一个乐于助人的人，所以这个梦想与她的性格和兴趣很契合！但是爸爸妈妈并不支持丽丽实现自己的这一梦想，他们希望丽丽能够好好学习，考上好大学，将来有一份光鲜体面的工作，为父母的脸上增光。对此，丽丽不以为然，她坚持要实现自己的梦想。

小学毕业后，丽丽进入了一家重点初中读书。在初中三年的时间里，丽丽每个周末都会去福利院做义工。福利院里的孩子、老人都特别喜欢丽丽，因为丽丽给他们带来了很多快乐。爸爸妈妈一开始并没有阻挠丽丽，但是在丽丽上了高中之后，爸爸妈妈就坚决禁止丽丽去福利院做义工了。爸爸妈妈很清楚，高中三年将会决定丽丽考上怎样的大学，所以他们为丽丽报了很多课外补习班，占用了丽丽所有的周末时间。高一

043

开学两个月，丽丽一次都没去福利院，这让她感到非常着急。她不止一次地对爸爸妈妈提出抗议："你们把我的周末全都占满了，我哪里还有时间去福利院去做义工呢？"爸爸妈妈满不在乎地说："初中三年，你做了三年的义工。现在，你的重心应该转移到学习上。如果高中三年不认真读书，将来可考不上好大学呀！"丽丽说："考不上好大学也没关系，我要开酒店当老板，然后帮助更多的人。"妈妈对丽丽说："即使你要开酒店，当老板，也要好好学习。你只有掌握更多的知识，才能做得更好。当然，我们还是希望你能考上好大学，继续读研读博，将来留在校园里当一名大学老师，这多好呀！"丽丽对爸爸妈妈的建议不置可否。

终于，丽丽想出了一个办法，她把自己处于弱势的几门课程留下，而对于自己相对占据优势，不需要参加补习班的那几门课程，她全都退掉了。这样在周末的时候，她就可以借着上课的机会，偷偷地去福利院陪伴老人和孩子们。只有在福利院，她才会感受到快乐，她很愿意与这些老人、孩子在一起相处。每当这么做的时候，她就觉得自己距离梦想越来越近了。

牛不喝水强按头，对于孩子而言是根本不现实的。因为孩子虽然年纪小，但是他们随着不断成长，渐渐形成了自己的主观意识，有了自己的梦想和理想。如果孩子性格非常内向，如果父母这样强制要求孩子，只会让他们更加内向，甚至还会让孩子因此而变得自卑。如果孩子的性格特别外向，他们并不会

第二章 不甘于寂寞的内向孩子，也想活跃在众人的瞩目之下

完全听从父母的，就像案例中的丽丽，她想出了很多办法坚持自己的理想。父母在教养孩子的过程中，与其强迫孩子，还不如尊重孩子，平等对待孩子。尤其是在给孩子报名各种课外班的时候，要以孩子的兴趣和能力作为基础，这样才能够对孩子起到良好的作用。

我们要认清楚一个现实，那就是每个孩子只有先成人，才能再成才。现在有很多父母都本末倒置了，他们希望孩子能够在一夜之间就成为杰出的人才，却没有想到，如果孩子没有正确的人生观、价值观和世界观作为指引，他们即使成才了，也未必会成为对社会有用的人。

父母在对孩子寄予期望的时候，不要只局限在希望孩子考上好大学这个小小的范围内，对于孩子而言，梦想是五颜六色、各种各样的。丽丽的梦想虽然与爸爸妈妈对她的期望不同，但是她的梦想也是很伟大的。爸爸妈妈要认识到，只有让孩子做他们喜欢的事情，他们才会充满强大的内部驱动力，才不会采取放弃和逃避的方式去阳奉阴违。父母一定要真正发自内心地尊重孩子，要理解孩子的选择，这样才能给予孩子更好的帮助。

父母最大的成功不是把孩子培养成父母所期待的样子，而是要激发孩子的学习兴趣，让孩子在学习上充满干劲。唯有如此，孩子才能发挥自己的潜力，让自己在学习中出类拔萃。孩子是独立的生命个体，他们虽然因为父母来到这个世界上，但并不是父母的附属物，更不是父母的私有物品。每一个孩子刚

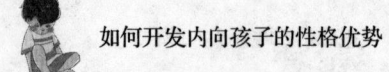

刚降临人世的时候，都需要依靠父母才能生存下去。但是随着不断成长，他们的独立能力越来越强，他们会有自己的想法和主见。所以父母要给予孩子更为广阔的天空，这样孩子才能有多元的发展。

第三章
无畏无惧，心理建设让性格内向的孩子更有底气

不管是性格外向的孩子，还是性格内向的孩子，要想有更好的成长，就应该具有强大的心理素质。如果孩子的心理素质不好，那么在面对很多突发情况，或者是面对很多严峻的考验时，他们就无法发挥出自己应有的水平。为了提升孩子的心理素质，完善孩子的心理建设，让内向的孩子更有勇气，父母应该多多鼓励和赞赏孩子。在孩子遇到困难的时候，父母要帮助孩子树立强大的信心；当孩子对自己感到怀疑的时候，父母要支持孩子坚定不移地走好自己的道路。只要父母能够对孩子起到强大的助力作用，那么即使是内向的孩子，也会更有勇气，也会在成长中有更好的表现。

梦想是孩子成长的明灯

现实生活中，很多父母都尤其关心孩子的吃喝拉撒，他们觉得孩子只有吃好、喝好、睡好，才能成长得更好。当然，吃喝拉撒是孩子基本的生理需求，是应该得到满足的。那么，在满足孩子吃喝拉撒的基础之上，如何才能让孩子对人生充满勇气，对未来充满信心呢？父母要帮助孩子树立梦想，也要拼尽全力为孩子提供最好的条件，支持孩子实现梦想。在此过程中，孩子会变得越来越自信，也会知道自己的未来将会是怎么样的，因而对未来充满信心。

对于每个孩子来说，底气都是很重要的。所谓底气，就是对自己各方面的能力都非常了解，对于自己想要怎样的未来也十分明确。一个人只有有底气，只有充分了解自己，知道自己想要怎样的人生，才能够掌控自己，俗话说，天生我才必有用，那么对于孩子而言，要知道自己一定是不可取代的，也要知道自己是独一无二的，他们才会更加自信。

梦想对于孩子的成长有着非同凡响的意义，对于每个人的人生都会产生深远的影响作用。一个人只有有梦想，才能够心怀希望，即使遭遇困境，也不放弃，内心充满了力量。反之，一个人如果没有梦想，或者并不相信自己能够实现梦想，那么在遭遇小小的坎坷和挫折时，他们就会轻易放弃，也会产生自

第三章 无畏无惧，心理建设让性格内向的孩子更有底气

我怀疑，不相信自己能够做到最好。

古往今来，很多伟大的人对于梦想都有自己的理解。有人说，梦想是人生的引航灯；有人说，梦想是人生理想的彼岸。文学大师林语堂说过，"梦想不管多么模糊，始终潜伏在我们的心底，让我们的心境永远不得安宁，直到这些梦想真正地变成现实，我们才能够得到安宁"。这意味着梦想对于我们成长有重要作用。每个父母都希望孩子能够成龙成凤，都希望孩子拥有美好精彩的人生，那么就不能忽略了梦想对于孩子的意义。很多父母拼尽全力为孩子创造最好的条件，很多父母不辞劳苦地陪伴孩子读书学习，还有一些父母会每时每刻都在督促孩子勤奋努力，这些对于孩子而言都是外部的驱动力。外部驱动力的作用是非常短暂的。要想让孩子发自内心地热爱学习，让孩子始终坚持努力进取，父母就要激发孩子的内部驱动力。帮助孩子树立梦想，是激发孩子内部驱动力的有效方式之一。

需要注意的是，不管孩子拥有怎样的梦想，父母都不要贬低孩子，也不要无情地斥责孩子。每个孩子都把自己的梦想看得非常重要。当父母支持他们的梦想，也理解他们的梦想时，他们就会充满了希望和动力；反之，如果父母对于孩子的梦想嗤之以鼻，甚至说出一些尖酸刻薄的话，打击孩子的梦想，那么孩子就会受到心理上的重创，甚至会影响他们与父母之间的关系。很多父母对于孩子的梦想都有误解，即他们觉得孩子拥有怎样的梦想，将来就会从事怎样的职业，也就会拥有怎样的人生。所以，如果孩子的梦想不符合他们的要求，他们就会指

责孩子，就会试图纠正孩子。其实，父母把孩子的梦想理解得太过狭隘了。

从本质上来说，梦想是人类对于美好事物的憧憬和渴望。梦想并不是永远不变，对于孩子来说，也许他们这个阶段怀有这个梦想，但是等到人生的下一个阶段之中，他们随着能力增强，眼界开阔，梦想也会发生变化。由此可见，孩子拥有怎样的梦想受到他们的认知水平、学识、眼界、人生阅历等很多因素的影响。父母要让孩子拥有远大的梦想，不要强求孩子一定要树立如父母所期望的梦想，而是应该想方设法地让孩子开阔眼界，增长见识，提升孩子的认知水平。

很多孩子在小时候都有稀奇古怪的梦想，这是因为他们充满了想象力，活在一个童话的世界里。对于孩子各种离奇的梦想，父母不要因为这些梦想不符合现实就打击孩子，而是要鼓励孩子。即使这个梦想在现在听起来不可能实现，但是随着时间的流逝，时代在进步，孩子也在成长，谁又能保证这些梦想一定不会实现呢？等到孩子渐渐长大了，他们读完了小学，进入了初中、高中，他们的梦想就会变得越来越明确。大多数孩子都被父母指定要实现状元梦，这是因为父母认为只有学习成绩好，才能考上好大学过上更好的生活。在此过程中，也有一些孩子依然坚持自己的梦想，不愿意向父母妥协。对于这样的孩子，父母无需过于强求，而是应该感到欣慰，因为这意味着孩子有自己的思想和主见，而且他们对于梦想是坚定不移的。不管是怎样的梦想，都能对孩子起到引导的作用，所以父母无

第三章 无畏无惧，心理建设让性格内向的孩子更有底气

需强求孩子必须把父母的梦想作为梦想，而是要鼓励孩子拥有真正属于自己的梦想。

遗憾的是，在如今压力巨大的学习状态之下，很多孩子连做梦的时间都没有了。在培养孩子的时候，我们除了要兼顾孩子的成绩之外，更要培养孩子的敢想敢干的能力，让孩子充满勇气地向着梦想进发。真正好的教育能够呵护孩子的梦想，也能够给予孩子有效的助力，帮助孩子实现梦想。在此过程中，父母要避免几个误区。首先，不要觉得必须考取高分才能实现梦想。高考只是人生中一次重要的考核，是人生直线上的一个点，所以不要误以为高考定终身。如果父母过于看重高考，那么就会给孩子以巨大的压力，尤其是在孩子学习的过程中，如果父母始终盯着孩子的成绩，就会让孩子感到窒息。

只有区分清楚高分与成长之间的关系，也知道孩子最终的目的是获得成长，而不仅仅是获得冷冰冰的高分，父母才能够以更好的心态面对孩子的学习和成长。很多获得伟大成就的人未必能够考取高分，例如现在互联网的领军人物马云，曾经参加了两次中考、三次高考。高考的时候，他前两次都落选了，直到第三次才考取了一所普通的师范学校。他上的学校并不是名校，但是这并不影响他成为创业教父。所以父母要把眼光看得长远一些，要在分数之外看到孩子所具有的特长，也要给予孩子在学习之外更为广阔的天空。

梦想是如此重要，父母一定要学会呵护孩子的梦想。父母切勿把自己没有实现的人生理想强加在孩子身上，而是要知

051

道孩子是独立的生命个体，孩子应该拥有属于自己的梦想，也应该拥有属于自己的人生。看起来，这一点很容易做到。实际上，很多父母都不能做到这一点。他们总是从自身的角度出发，以前辈的高姿态来为孩子设定梦想，这是因为他们根本不知道真正的梦想是什么。梦想就像是孩子孵化出来的一个希望，必须从孩子的内心里产生，才能够对孩子产生激励作用。如果梦想是父母悬挂在孩子面前的一个目标，那么孩子说不定就会对其视而不见，甚至还会与其背道而驰。所以父母要带着孩子去认识精彩的世界，走遍祖国的山山水水，见识世界的风土人情，让孩子用脚步丈量人生的路。孩子走过的地方越远，他们的梦想也就越远大，孩子对于未来越是充满了希望，他们的梦想也就越是充满了力量。

不偏执，随机应变才能从容应对

规矩是死的，人是活的，但是现实生活中偏偏有些人为了遵守规矩，把自己也变得非常死板，最终非但没有取得预期的效果，反而事与愿违。有一个成语故事叫《兄弟争雁》，这个故事非常有趣。讲述了一对兄弟发现天空中有一只大雁正在飞过，哥哥马上拿起了弓箭想把大雁射杀下来，还说要把大雁炖着吃。听到哥哥的话，弟弟马上表示反对。他对哥哥说："这只大雁看起来很适合烤着吃，烤着吃的味道一定比炖着吃更美味。"兄弟俩为此争执不休，他们谁也不能说服谁，只好去找一个老者做判断。老者看到兄弟俩拿着空空的弓，对兄弟俩说："你们俩与其争来争去，还不如先去把大雁射下来，然后再一半烤着吃，一半炖着吃，这样不就圆满了吗？"听到这位老者的回答，兄弟俩感到非常满意，因而他们高高兴兴地又回到原来的地方，准备射杀大雁。但是，大雁早就已经杳无踪迹了，天空中只漂浮着云彩，兄弟俩都非常失落。

生活中总会有各种各样的问题，也会产生形形色色的分歧，如果我们为了解决这些问题或者为了统一意见，而因此浪费了机会，导致自己非常被动，这当然是让人遗憾的。对于很多问题的解决，我们都要以最终的目的为目标，而不要局限于其中的细枝末节。虽然细节是很重要的，但是我们却不能本末倒置。在教育孩子的过程中，很多内向的孩子都会表现出墨守成规的特点，也会有一定程度的偏执，那么父母在对这些内向的孩子展开教育的时候，应该侧重于教会孩子随机应变，这样孩子才能从容地应对很多问题，才能取得良好的效果。

性格内向而又固执的孩子，他们即使认识到自己的想法并不合理，也会因为主观的意愿而继续坚持实现自己的想法。在与人相处的过程中，如果孩子明显表现出这个特点，就会引起他人的反感，也会影响自己的人际关系。尤其是在孩子长大了之后，他们要进入社会，走上工作岗位，那么在与人合作或者交往的时候，都会因此而受到他人的排斥。

现代社会讲究合作，这是因为分工越来越明确，一个人即使能力再强,也不可能面面俱到,把很多事情都做好。尤其是在承担大型任务的时候,更是需要团队密切地开展合作。所以父母要从小培养孩子随机应变的能力,让孩子能够灵活地处理问题。尤其是在与他人有分歧的时候,也能够暂时放下自己的观点,虚心接受他人的意见,从而与他人进行良好的沟通,最终得到一个比较圆满的解决方案。不管是谁,切勿觉得自己始终都是对的,别人始终都是错的,否则就一定会被排斥和抵触。那么,父母要怎么做才能够让孩子不再那么固执己见,从而做到随机应变,从容地应对很多问题呢?

首先,父母要为孩子做好榜样,不要强迫孩子。在家庭生活中,很多父母都觉得自己是家庭的权威,对孩子摆出一副高高在上的样子。不管做什么事情,父母都对孩子发号施令,而且绝不允许孩子反抗。实际上,这样的行为虽然能够暂时地让孩子听从父母的指令,却给孩子做出了很糟糕的榜样。当父母总是这样对待孩子的时候,孩子渐渐地也会形成很强势的性格特点。

有一些父母会以自己的经验来指点孩子,例如天气很热,孩子非要穿着一件比较厚的衣服出门,那么父母与其与孩子磨破嘴皮子,劝说孩子不要穿着这么厚的衣服出门,还不如让孩子就穿着这么厚的衣服出门。孩子出门之后很快就会感到热,汗流浃背,那么他们自然就会要求换上更薄的衣服。这样就能够圆满地解决问题,远远比父母和孩子之间争执不休要好得多。争执不休不但会损害父母与孩子之间感情,还会使父母与孩子之间的关系疏远,更重要的是会让家里充满了火药味,使家庭氛围变得紧张。这当然是父母不想看到的。明智的父母在一些非原则性问题上,可以让孩子亲身去感受,这样孩子才会主动地做出更理性的选择。

其次,在孩子固执己见的时候,父母与其与孩子针锋相对,还不如稍作退让。在家庭生活中,孩子不断成长,他们不会再对父母言听计从,这使得亲子之间常常会出现分歧。在这种情况下,父母如果总是试图纠正孩子的想法,那么效果往往是很不理想的。这是因为越是固执的孩子,在遇到他人反对的时候,越是会更加坚持自己的想法。所以父母应该任由孩子坚持主见,等到孩子的情绪渐渐消退,与父母之间恢复契合的时候,父母再来跟孩子讲道理,这样的效果往往是更好的。

有些孩子还特别任性。例如在去商场的时候,孩子们坚持要买一个很贵的玩具,父母与其试图说服孩子不买,还不如采取冷处理的方式,任由孩子哭闹。孩子在哭闹一段时间之后,发现父母坚决拒绝他们的不情之请,就会不再哭闹。等到孩子不再哭闹的时候,父母再来和孩子讲道理,孩子会更容易接受。

再次,孩子不是流水线上的产品,他们会有自己的个性。每个孩子都是世界上独一无二的存在,每个孩子都和他人是截然不同的。有些父母抱怨孩子非常固执,总是按照自己的想法去做事情,总是坚持自己的做法,不愿意听从父母的劝解,这使得父母非常厌烦。例如,父母想让孩子学习画画,孩子偏偏要去学习唱歌。其实，父母在指责孩子过于固执的同时，也要反思自己。既然孩子喜欢唱歌，为什么非要让孩子去画画呢？当想明白这个问题的时候，相信父母就会豁然开朗：既然孩子是学习画画或者唱歌的主体，那么父母就应该尊重孩子的爱好和兴趣，就应该允许孩子有自己的个性。毕竟画画或者唱歌并不是原则性问题，既然如此，父母就应该把选择的权利交给孩子。当父母尊重孩子，孩子就不会再与父母故意对抗；当父母尊重孩子的个性，孩子就会渐渐地成长为他本来的样子。

最后，要让孩子学会听取意见，不要总是与他人争执不休。现实生活中，争执常常发生，争执的理由千奇百怪。有些人争执的是大道理，有些人却只是因为生活中一些鸡毛蒜皮的小事情而不断争执。每个人都想竭力证明自己是正确的，对方是错误的。如果人人都怀着这样的想法，那么我们每天什么事情都不要做，只是与别人争执就可以耗光所有的时间和精力。

家庭生活中，父母与孩子之间的关系也会陷入这样的误区。即父母总是试图告诉孩子父母的一切选择都是正确的，想让孩子听从父母的建议，但是孩子却总是试图告诉父母他们也想做出自己的选择，哪怕这些选择是错误的，他们也愿意去尝试。很多父母应该都听过一句话，叫作不撞南墙心不死。这句话告诉我们，很多事情只是听别人说，孩子并不能够及时地回头。与其徒劳地劝说孩子，不如让孩子坚持做他们想做的事情，也让孩子在此过程中验证他们最终的结果。这样孩子才能够虚心听取他人的意见，恍然大悟：原来，他人所说的有时是正确的。这可比费尽口舌试图说服孩子要好得多。

也有一些孩子非常自负，他们认为自己不管做什么事情都是正确的。对于这样的孩子，父母一定要让他们多多碰壁，不要助长孩子自负的心态。在这个世界上，没有人是无所不知、无所不能的，更何况是孩子呢？父母要注重培养孩子谦虚的美德，要让孩子多多读书，勤于学习。一个人如果知道自己所掌握的知识是很少的，就会怀着空杯心态更积极地投入学习之中，而一个人如果坚信自己已经学会了所有的知识，他们就会一瓶子不满半瓶子晃荡，就会对自己有不正确的认知。当然，在此过程中，父母也要给孩子做好榜样。父母不要当着孩子的面固执任性，而是应该在孩子面前表现出谦虚低调、虚心好学的姿态，这样就能给孩子带来积极的影响，让孩子能够虚心听取他人的意见，做到从谏如流。

越挫越勇，百折不挠

近些年来，青少年自杀事件时有发生。很多父母在听到这样的事件发生时，都会感到非常痛心，不知道现在的孩子到底是怎么了，居然遇到小小的挫折就会轻生。这给父母和整个社会都带来了沉重的打击。孩子不管因为什么原因而选择轻生，都是因为他们的心理承受能力太差，面对挫折，他们看不到希望，因为小小的打击，他们就万念俱灰，选择极端的方式。

这些青少年自杀的悲剧告诉我们，孩子如果没有健全的人格，他们的人生随时随地都有可能处于危险之中。反之，孩子只有拥有强大的内心，他们才能兵来将挡，水来土掩，面对生活中诸多的不如意时，做出理性的抉择和正确的应对。所以父母不要只看重孩子的成绩，而是应该更关注孩子的成长，尤其是要注重提升孩子承受挫折的能力，让孩子拥有强大的内心。每一个小生命来到这个世界上，父母都付出了很多，一个生命就像一颗星星，如果如同流星一样划过天际，转瞬即逝，那么只会给人世间留下无尽的遗憾。对于孩子而言，即使遭遇了坎坷挫折，也只是人生中小小的磨难，未来的人生中还会有更多的坎坷挫折等着他们呢，如果他们没有强大的内心，又怎么能够真正地成为人生的强者呢？

每一个人想要获得幸福，就要先学会吃苦。所谓先苦后甜，正是这个道理。所以父母在教育孩子的时候，不要只想为孩子提供优越的条件。现代社会中，大多数孩子都是独生子女。父母们会把家里所有好吃的、好玩的都给孩子，也会拼尽全力让孩子生活得无忧无虑。看起来，父母是真爱孩子，实际上这却会害了孩子。这是因为孩子不管从小生活得多么快乐，长大之后，他们必然要离开父母的身边，独自去面对属于自己的人生。俗话说，人生不如意十之八九，没有任何孩子能够保证自己在人生中必然是一帆风顺的，也没有任何父母能够保证孩子在人生中不会经历任何挫折和坎坷。所以父母要从小就培养孩子的吃苦能力，帮助孩子使内心变得强大，这样孩子在

第三章　无畏无惧，心理建设让性格内向的孩子更有底气

遇到坎坷挫折的时候，才不会轻易放弃生命。古今中外有很多伟大的人，他们之所以取得了令人羡慕的成就，不是因为他们有多么好的运气，而是因为他们总是能够战胜坎坷挫折，总是能够在摔倒了之后勇敢地站起来，总是能够在绝境之中找到生机，总是能够在困境之中开拓出新的局面。他们拥有战胜困难的强大信心，所以最终才能排除万难，成为人人仰慕的成功者。

从这个意义上来说，父母一定不要为孩子营造人生必然一帆风顺、无忧无虑的假象，只有让孩子知道人生中会有很多坎坷挫折，也让孩子从小就习惯于战胜人生中的各种挫折，孩子的内心才会更强大。否则，孩子的内心脆弱得不堪一击，父母又不能永远陪伴和保护孩子，那么孩子的未来就是值得担忧的。在美国，海伦是一个命运坎坷的女孩，她小小年纪就因为患了猩红热而失去了视觉听力，也不能够说话，变成了盲聋哑人。但是她并没有因此放弃自己的人生，反而非常积极地拥抱生命，跟随家庭老师学习知识，最终考入大学。她不但从大学里顺利毕业，而且还创作了很多文学作品，以她自己的亲身经历，鼓励那些遭遇挫折的年轻人鼓起对生命的勇气。在中国，张海迪高位截瘫，她也没有放弃自己的人生，而是通过自学成为了一名农村的医生，为老百姓们看病，后来又致力于文学创作，写出了很多优秀的作品。

人人都知道失败是成功之母，但是在遭遇失败的时候，能够踩着失败的阶梯努力向上攀登的人，却少之又少。父母教育

孩子的目标绝不是把孩子培养成一个从来不会失败的人，而是要把孩子培养成一个越挫越勇，能够在失败中崛起的人。只有从失败中汲取教训，坚持努力，每个人才能获得成功。

在家庭教育中，父母总是把孩子想象得非常优秀，这是父母一厢情愿的想法。在成长的过程中，孩子在很多方面的表现都不能达到父母的预期。这时，父母就会渐渐地对孩子失去信心，甚至带着失败的沮丧、失意与孩子相处，对孩子开展教育。毫无疑问，父母这样的心态会对孩子起到极大的负面影响，也会让孩子形成错误的自我认知。正是因为如此，才有人说每个父母在教养孩子的过程中，遇到的最大挑战就是要接受孩子的普通和平庸。确实如此，父母要接受孩子的平凡，这样才能更好地教育和引导孩子。

培养孩子越挫越勇、百折不挠的精神，要从孩子小时候就开始做起。在一到三岁之间，孩子的主动性越来越强。在这个阶段里，很多事情孩子不想让父母帮他们做，而是希望独立做一些力所能及的事情。如果能够完成这些事情，他们就会充满信心，也会渐渐地意识到自己是独立的生命个体。偏偏有很多父母并不给孩子机会去做他们能做的事情，这是因为父母觉得孩子能力不足，不能做这些事情，或者觉得孩子做得不好，认为孩子是在给父母惹麻烦。因为有这样的心态，父母就会事无巨细都为孩子代劳，孩子就不能发展独立的能力。渐渐地，孩子就连那些小事情也不能做好了。所以在教育孩子方面，父母不要走入这个误区，而是要及早地对孩子开展自理和自立教育。虽然孩子在做很多事情的过程中有可能会遭遇失败，也会承受挫折，但正是在这个过程中，他们的自信心越来越强，能力也得以提升。他们会更加自信，也会把每件事情都做得越来越好。

现代社会，孩子不仅独立能力很差，而且内心也非常脆弱。人们用"玻璃心"来形容孩子脆弱得不堪一击的心，这其实与父母的家庭教育是密切相关的。在孩子逐渐形成独立能力的过程中，孩子的信心越来越强的前提是他们要得到充分的锻炼。虽然对于很多事情，孩子一开始并不能做得很好，但是只要坚持练习，他们就能看到自己的进步，所以他们会变得越来越勇敢，越来越强大。

让孩子体验到"我能行"的过程，对孩子的成长而言是非常重要的。如果父母从来不给孩子机会去提升自己的能力，去感受失败，在失败中崛起，那么面对失败的打击孩子就会一蹶不振。如今有很多孩子都会学习一些课外的兴趣班，那么在给孩子报名兴趣班的时候，父母也可以有意识地磨练孩子的心智。每一个孩子的成长都是一个体验的过程，正是在游戏玩耍的过程中，孩子才能深入生活，才能完成体验。孩子并不是一出生就能做很多事情的，他们只是通过主动学习的方式，循序渐进地提升自己的能力，也在很多尝试的过程中，发展自己的创造力，最终认定"我一定能行！"当孩子有了这样的信心，他们就不会被挫折打败。

不攀比，淡定从容做好自己

每个人都会有攀比心理，这是因为每个人都希望自己和别人一样拥有好的东西。那么对于孩子的攀比心理，父母应该如何面对呢？是坚决禁止孩子攀比，还是鼓励孩子攀比，从而让孩子鼓起勇气、集中力量去实现自己的小目标呢？实际上，父母对于孩子的攀比心理不必如临大敌，只要能够引导得当，攀比心就不会变成虚荣心，反而能够让孩子在攀比的过程中获得进步的动力。当然，这其中的度是要把握好的。一旦拿捏不好其中的度，孩子就会走向两个极端，或者变得非常虚荣，或者凡事都和别人攀比，导致自己生活得特别累。孩子也有可能会自暴自弃，觉得自己比不过别人，因而再也不努力了。

前些年，有一篇报道是关于学生老师家访的。一个女孩在得知老师要来家访之后，觉得自己家住的房子太寒碜，逼着父亲把自己家的房子卖掉，换一座豪宅。不得不说，这个孩子的攀比心真的是太强了。也许她还小，不知道换房是一件多么重大的事情，但是仅仅因为老师来家访，就要在家里大动干戈，这其实完全没有必要。毕竟对于老师来说，他更关注的是孩子在家庭生活中拥有怎样的家庭氛围和成长环境，也更注重孩子的成长和进步，而不只是为了去参观豪宅的。

现代社会中，攀比的风气越来越严重。很多学校里，小小年纪的孩子就会穿着一身名牌的服装，就会骑着价值不菲的自行车。在一些大学校园里，孩子的年纪比较大，还有一些孩子

第三章 无畏无惧，心理建设让性格内向的孩子更有底气

会开车上学呢！对孩子之间盛行的攀比之风，父母们感到非常困惑，不知道应该如何做，才能正确地引导孩子，让孩子不攀比，也不知道如何做，才能让孩子健康快乐地成长。

豆豆八岁了，学习成绩很好，而且非常聪明，美丽可爱，这让妈妈以她为骄傲。然而在进入小学三年级之后，豆豆的心态发生了变化。她原本只关注学习，但是现在她更关注班级里的女同学们吃什么、穿什么、玩什么。最近，有一个女同学拿了妈妈的一部苹果手机到学校里。看到这个女同学骄傲地拿着苹果手机在同学们面前炫耀，豆豆的心里很不平衡。回到家里之后，她对妈妈说："妈妈，我也想要一个苹果手机！"

妈妈非常惊讶，问豆豆："你没有工作上的业务，不需要打电话，要一个手机干嘛呢？而且还要苹果手机吗？"豆豆说："我们班级里有一个女生，有一个苹果手机。这个苹果手机还是新款的呢，看起来非常漂亮。同学们都很羡慕她有苹果手机，我也想得到同学们的羡慕。"听到豆豆的话，妈妈语重心长地对豆豆说："豆豆，我们不需要每件事情都和别人攀比。我认为在学生之间就算比，也应该比学习。你应该更加努力，在学习上更上一层楼。现在你才上小学三年级，每天都有爸爸妈妈接送你去学校，所以不需要用手机。等到你上了初中或者高中需要用手机的时候，爸爸妈妈会给你配备一个手机。"豆豆马上两眼冒光地问："给我配备一个苹果手机吗？"妈妈摇摇头，说："学生并不需要用苹果手机，学生有专门的学生机，只要接打电话就可以。"听到妈妈的话，豆豆

的眼神瞬间黯淡下来，说："我是想现在就要一个苹果手机，你不但说要等到初高中才给我买手机，而且还不能给我买苹果手机，你可真是一个小气的妈妈！"听到豆豆的话，妈妈陷入了沉思。

相信很多父母都和豆豆妈妈一样，会面临这样的问题，那就是原本乖巧可爱、不谙世事的孩子，似乎在一夜之间就学会了攀比。他们不但和同学比吃的、比穿的、比玩的，还会和同学比用的，比如手机。对于孩子而言，使用智能手机不但会影响他们学习，分散他们学习的精力，而且会让他们接触到网络上的不良信息，这对于他们的成长当然是非常糟糕的。

大多数父母都希望孩子能够专心致志地学习，把更多的时间和精力都用在学习上，也希望孩子能够奉行勤俭节约的原则，不要总是奢侈浪费。实际上，父母只要很好地引导孩子，就能培养孩子优秀的品质。尤其是在孩子与人攀比的时候，父母更是应该抓住机会对孩子开展教育。具体来说，父母怎么做才能引导孩子正确地对待攀比呢？

首先，在这个事例中，妈妈对豆豆的回应非常好。豆豆要和同学比手机，妈妈告诉豆豆作为学生应该在学习上你追我赶，进行竞争，这样才能激励自己不断进步。此外，还可以在其他方面进行比较，例如现在国家越来越重视体育教育，也重视全民阅读，可以让孩子和其他孩子比一比体能，比一比阅读的书籍的数量。这对于孩子的成长都会起到很大的促进作用。

其次，如果孩子在横向比较的过程中心理失衡，感到焦虑，那么父母还可以引导孩子进行纵向比较，也就是把自己的现在与过去比较。这样一来，孩子就会知道自己有了怎样的进步，进步的幅度如何。在此过程中，他们就会继续进步，也会更快地成长。父母不要要求孩子一蹴而就，出类拔萃，超过所有的人，而是要给孩子时间，尊重孩子成长的规律。只要孩子坚持每天都有进步，对于孩子而言，这就已经足够了。看到孩子有小小的进步之后，父母还要多多地激励孩子，让孩子知道他们的进步是非常值得庆贺的，使孩子获得成就感，这样孩子就会有更大的动力继续好好表现。

最后，父母要给孩子做好榜样。在攀比方面，父母也要摆正心态，拒绝攀比。现实生活中，很多父母也喜欢与人攀比，例如爸爸妈妈会当着孩子的面说谁家又买了一辆更好的车子，谁家又换了一座更大的房子，谁的工资涨了很多，比自己赚得更多。对于孩子而言，虽然父母这些话不是专门针对他们说的，但是他们在听到这些话之后，心态就有微妙的变化。所以父母要给孩子树立勤俭节约，不攀比，不虚荣的良好榜样，让孩子知道每个人都有自己的生活，我们无需把自己的生活与别人的生活相比，而只需要奔向自己的目标就好。

日常生活中，为了帮助孩子养成勤俭节约的好习惯，父母要适度给孩子零花钱。如今，大多数孩子都有零花钱，有些父母因为没有时间陪伴孩子，会给孩子买很昂贵的衣物、玩具等，也有一些父母会给孩子大量的零花钱。实际上，这除了会让孩子养成大手大脚花钱的坏习惯之外,没有任何好处。父母应该知道,如果一个孩子只靠着物质刺激而树立梦想,那么他们的梦想就是苍白的。因此父母要摆正心态,在孩子学习期间,只给孩子适量的零花钱,既不让孩子在班级同学中过于突出,也不让孩子觉得手头上非常紧张,不能和同学正常交往。

除此之外,在激烈的竞争之中,父母也不要强求孩子必须拿第一。例如,有些父母要求孩子每次考试都要考满分,每次参加竞赛都要取得第一名的好成绩,这样的目标太高了,即使父母也不一定能完成,又为何要如此强求孩子呢?孩子固然要有竞争的心态,却不能够一心一意只为了竞争,否则他们就会过于看重输赢得失,而不能够怀着平常心成长。

每一个人都是世界上独一无二的存在,每个人都拥有属于自己的人生。对于孩子而言,要戒掉攀比的坏习惯,淡定从容地做好自己。只有这样,孩子才能活出自己的精彩,也才能够成为自己最期望的样子。

吃亏是福,宽容他人就是宽宥自己

如今,大多数孩子都在父母无微不至的照顾下成长,就连家里的长辈也会对孩子有求必应,无限度地满足孩子所有的需求和欲望。渐渐地,孩子就会形成以自我为中心的错误思想,他们会认为自己不但是家庭生活的重心,也是整个世界的重心。可想而知，在这样的状态之下，孩子会越来越自我，也会非常任性，所以让现在的孩子吃亏简直难于登天。

古人云，吃亏是福。这句话告诉我们适当地吃点小亏，并不会因此损失什么，反而会得到福气。从自身的角度来说，如果我们与别人斤斤计较，对别人睚眦必报，那么我们其实是用别人的错误持续地惩罚自己。在没有达到报复的目的之前，我们的内心会焦虑紧张。反之，如果我们能够在受到他人小小的伤害之后，对他人采取宽容的态度，或者是在一些有利益纠纷的关系之中主动做出让步，那么我们就可以让自己的内心变得更加从容淡泊，也会给人留下大度懂事的好印象。在这个世界上，从来没有绝对的公平存在。我们如果奢求绝对的公平，就会把自己逼到生活的死角之中。只有怀着宽容的心对待他人，我们才能够宽容地对待自己，正因为如此，才有人说，原谅他人就是宽宥自己。

每个父母都希望自己家的孩子能够生活幸福，那么就要从小培养孩子宽容的美德，让孩子知道吃亏是福，这样才能提高孩子的幸福感，父母不但要让孩子从小拥有幸福快乐的童年，也要让孩子在长大成人之后拥有豁达从容的人生。遗憾的是，很多父母都不明白这个道理。在教养孩子的过程中，他们总是对孩子过于娇惯，导致孩子自私任性，缺乏责任心。有一些孩子一旦有了好处，就会勇敢地争取，一旦有了责任需要承担，他们就马上会把责任推卸到他人的身上。孩子之所以做出这样的行为，就是因为他们凡事都从自己的主观角度出发，从来不愿意吃任何一点点小亏，总是想占便宜。在家庭生活中，所有的人都会让着孩子，但是将来有朝一日孩子走向社会之后，他们的人际关系就会因此变得紧张而恶劣。

在这样的情况下，如果孩子本身的性格非常内向，不善于交际，而且还喜欢告状，那么孩子的人际关系就真的令人堪忧了。因而父母要从小对孩子进行宽容的教育，帮助孩子戒掉小家子气的特点，让孩子更加宽容大度，这样孩子才会拥有更多的朋友，得到更多的关注，在成长过程中也会真正获得幸福与快乐。

首先，作为父母，不要鼓励孩子打小报告，而是要身体力行，让孩子知道宽容是非常优秀的品质。现实生活中，很多孩子都喜欢打小报告，他们有一点点不满意，就会向家长或老师告状。如果父母纵容孩子，让孩子认为只要告状就能够达到自己的目的，那么孩子就会变本加厉。家庭教育作为源头，父母要引导孩子不要随意打小报告，因为大多数时候打小报告是一种非常糟糕的行为。

尤其是在家庭生活中，家人之间应该互相宽容，不要斤斤计较。如果成人之间有一些矛盾，那么切勿让孩子也介入其中。例如，有些父母之间会互相监督，所以也让孩子承担监督员的角色。比如爸爸带着孩子出去玩，妈妈会问孩子爸爸有没有什么异常举动。在这样的诱导之下，孩子渐渐地就会养成打小报告的坏习惯。夫妻之间应该彼此信任而不要互相猜忌，即使有所猜忌，也不要让孩子充当打小报告的角色。

其次，要让孩子拥有一颗宽容的心，能够原谅他人的错误。在这个世界上，没有任何人是不会犯错误的，每个人都会犯各种各样的错误，尤其是对于成长中的孩子而言，犯错更是他们成长的方式之一。所以当孩子犯错的时候，父母不要过于苛刻地批评孩子，否则就会导致孩子模仿父母的行为，对待他人的错误也坚决不能容忍，当父母能够宽容地对待孩子，给孩子做好榜样，孩子在对待他人的错误时，就会以宽容的态度面对。这样一来，孩子在与其他小朋友相处的时候，即使有了小小的不愉快，也不会耿耿于怀。常言道，忍一时之气，免百事之忧。这句话告诉我们，对于一些不涉及到原则性的问题，我们是可以宽容容忍的，当然，这个宽容是有限度的，而不是无限度的纵容。

法医秦明系列《天谴者》中有一个很奇特的案例。一对父子杀死了一个富翁。警察们在调查了很多原因之后，都不知道这对父子为何要杀死这个富翁，直到抓住这对父子才知道，原来他们的仇怨是在一年前的某一天结下的。富翁开着宝马与骑摩托车的父子发生了刮蹭，富翁趾高气昂，对骑摩托车的父子吐了口口水，所以这对父子利用一年的时间来追踪这个富翁，也精心策划了非常完美的谋杀行动。富翁一定没有想到，自己因为一时的情绪冲动，因为一口口水，而丢掉了性命。在日常生活中，每个人都要怀着宽容之心，如果富翁能够宽容对待这对骑摩托车的父子，跟他们讲道理，而不是做出吐口水这种侮辱性的举动，那么他一定还能享受很长的美好生命。

最后，要让孩子心怀大爱。如今很多孩子只爱自己，甚至不知道感恩父母，这都是因为他们习惯于接受爱，而从来没有主动地爱过别人，更没有主动地回报别人，这使孩子做任何事情都从自身的角度出发，只注重自己的感受，而不考虑其他人的感受。古人云，人之初，性本善，这充分告诉我们，孩子并非是一出生就如此自私的，而是因为父母对孩子的教育方式不当，所以孩子才会越来越自私任性。

如今的社会上有很多孩子都对父母缺乏感恩之心，在父母亲为他们奉献了一生之后，等到父母年老体衰的时候，他们并不愿意承担起对父母的赡养责任。有人说，这是社会风气坏了，其实不如说是家庭教育出现了问题。在教育孩子的时候，父母就要让孩子从小就学会感恩和回报。在抚养孩子的过程中，父母也不要为孩子做好所有事情。孩子如果从来没有亲身感受过做一些事情多么辛苦，他们就不会感恩父母，所以父母要给孩子机会，让他们切身体会父母的辛苦。

当孩子与身边的人发生争执的时候。如果孩子不能宽容身边的人，那么父母还可以引导孩子进行换位思考。孩子如果能够假设自己是他人，从而理解和体谅他人的感受，那么就不会与他人针锋相对，而是能够做到设身处地地为他人着想。如果孩子能够真正做到这一点，那么哪怕他人侵犯了他们的利益，他们也会考虑到他人是否有难言之隐，所以不会对此大动干戈。总而言之，对于培养孩子的宽容之心，父母起到了很大的作用，这是因为在学校教育中，老师只是负责传道授业解惑，只有在同学之间发生矛盾的时候，老师才会为同学们协调矛盾，向孩子们讲明白道理。而在家庭生活中，父母对孩子所起到的作用则是言传身教。家庭教育就像春雨，润物细无声，虽然没有学校教育那么系统，但是却能够渗透入孩子的心灵之中。

吃亏是福，每个人吃一点小亏并没有关系，如果能够心甘情愿地吃亏，放下心中的芥蒂，让自己并不因此而怀着愤懑之情，那么每个人反而能够拥有更豁达的心态。不管是父母还是孩子，真正想做到吃亏是福，就要怀有一颗宽容之心。

第四章

积极乐观，让成长坚韧不拔

积极乐观的心态会让孩子拥有积极向上的力量，对于孩子的人生而言，我们无法预判孩子会在生命的历程中将经历什么。我们即使再爱孩子，也不可能陪伴孩子走完这一生，所以我们对孩子深爱的表现之一，就是要引导孩子走向积极乐观的人生道路，这样孩子才能在成长的过程中坚韧不拔，面对一切的坎坷挫折时都能够勇敢无畏。积极乐观的孩子即使身处沙漠，也会用希望来滋润自己的心田，也能够坚持摆脱绝境；积极乐观的孩子即使身处高墙之中，也能够看到星空，还能够看到未来。积极乐观的孩子在人生之中是不会被束缚住的，不管身处何处，他们都能始终望向遥远的未来，都能始终坚持前进的脚步。由此可见，让孩子积极乐观，才是父母培养孩子的重要目标之一。

努力向上，踩着失败的阶梯攀升

如何才能培养出积极乐观的孩子呢？很多父母都对此感到疑惑。实际上，只有积极的家庭氛围中才能够成长出乐观向上的孩子，如果家庭氛围是沉闷而又压抑的，那么孩子往往会更加内向、自卑、沉默，不愿意敞开心扉。很多父母都以为孩子是粗线条的，对于家里各种沉重压抑的气氛，孩子并不会感知到。实际上这是父母对孩子的误解，孩子具有直指人心的本能，他们虽然小，但是却非常敏感，他能够敏锐地感觉到周围的情绪、氛围，以及身边成人的状态发生了怎样的变化。

当看到孩子的状态非常压抑、沉重，而且常常陷入自卑孤独之中时，父母不要总是试图从孩子的性格本身寻找原因，而是要反思自己是否给予孩子良好的影响，也要反思家庭生活是否能够让孩子觉得内心轻松，积极向上。如今有很多年轻的父母本身就是独生子女，从小在父母无微不至的照顾下成长，形成了以自我为中心的思维习惯。即使在组建了自己的小家庭之后，他们也不能做到心甘情愿地为家庭付出，常常因为家庭生活中一些琐碎的事情就吵得不可开交，甚至提出离婚。这会让孩子感到紧张不安，也觉得他们赖以生存的家庭随时都有支离破碎的可能。孩子如果长期生活在这样紧张不安的气氛中，性格就会越来越忧郁，对身边的人缺乏信任，还会

第四章 积极乐观，让成长坚韧不拔

出现情绪暴躁不安的表现。这样的孩子怎么可能快乐健康地成长呢？

孩子从呱呱坠地开始，就要在家庭生活中成长，父母是他们最信任和依赖的人。由此可见，父母和家庭对于孩子的成长多么重要。要想让孩子养成积极乐观的个性，除了要让孩子在积极健康的家庭氛围中成长之外，还要让孩子以正确的态度面对失败。每个人在生命的过程中都会经历失败。有些人在遭遇失败之后就一蹶不振，再也不能鼓起信心和勇气去尝试，甚至会彻底放弃，这使他们陷入失败的深渊。也有一些人即使遭遇失败，心中也依然充满了希望，他们会再接再厉，继续努力，从而踩着失败的阶梯，不断向上攀升。对于失败，不同的人有不同的态度，也有不同的人生。有些人很羡慕那些成功者的光鲜亮丽，却不知道这些成功者在成功之前遭遇了多少失败，在迎来成功的曙光之前，又经历了多少黑暗。

很多人在经历一次小小的失败之后，就想要试图结束生命，不得不说这是非常糟糕的行为，这不是因为外界的环境太过残酷，而只能说明他们承受挫折的能力极其低下。在心理学上有一个成败效应，指的是人们在努力之后获得成功或者是失败所产生的心理变化。这个效应告诉我们，在孩子成长的过程中，父母应该对孩子的心理承受能力进行一定的训练，能让孩子拥有强大的内心。例如有些孩子的承受能力比较强，那么父母在给他们分配任务的时候，可以给他们分配难度更大的任务，这样可以增强他们抵抗挫折的能力。有些孩子抵抗挫折的能力比较差，那么父母在给他们分配任务的时候，就应该适当地降低目标，让他们略微努力就能够实现目标，由此而产生自信，积累经验，这对他们的成长是很有好处的。这完全符合心理学上心理暗示的规律，所以父母要善于运用这个规律来锻炼孩子的内心。

通常情况下，如果孩子的性格内向，他们内心会更加敏感脆弱。在遭遇挫折的时候，他们往往很难做到越挫越勇，而是会消极沮丧，甚至会采取极端方法。那么，面对性格内向的孩子，父母要更加关注他们对待失败的态度，也要及时地给予他们疏导。要知道，人生是漫长的旅程，小小的挫折和失败只是人生道路上的坑坑洼洼，我们不能因为道路不平就停止向前，而是要走过这些坑坑洼洼，朝着自己的目标前行。

古往今来，很多伟大的人之所以能够取得不凡的成就，不是因为他们有着得天独厚的条件，也不是因为他们得到了贵人相助，而是因为他们在饱经挫折和磨难之后没有放弃，反而想方设法地让自己做得更好，让自己从绝境之中开拓新的局面，从困境之中找到新的希望，所以他们才能成为真正的成功者。

性格内向的孩子心思敏感细腻，他们对于成败输赢会更加看重，他们在真正展开行动之前，预见可能有困难就会犹豫不决，不愿意继续努力。在获得小小的成就之后，他们也不一定能够获得成就感，反而会质疑自己是否能够面对更大的挑战。对于这样敏感细腻的孩子，父母们一定要多多鼓励孩子，给予孩子继续努力前行的勇气，给予孩子面对失败和困难的信心，切勿打击孩子的积极性。否则孩子本身不够主动，在打击之下，就会变得更加被动，甚至会彻底放弃。

父母要告诉孩子，失败不是一蹶不振的理由，而只是一次小小的坎坷。面对失败，只有那些真正的人生强者才能鼓起勇气，越挫越勇。如果面对失败就彻底放弃了，那么不但会失去成功的机会，甚至会彻底与成功绝缘。在孩子小时候，父母还可以经常让孩子吃苦，让孩子接受挑战。虽然孩子能力有限，未必能够把很多事情都做得很好，但是在此过程中，父母恰恰可以对孩子进行挫折教育，让孩子在失败之后继续努力，再次尝试，也让孩子在遭遇挫折之后，怀着更大的信心往前冲。

孩子小时候在家庭生活中得到了父母和长辈无微不至的照顾，随着不断成长，他们要走出家门，走入社会，将来有朝一日长大成人，他们还要走上工作的岗位。这意味着孩子的人生必然面对越来越多的困难，所以在孩子小时候，父母切勿为孩子营造生活无忧的假象，也不要让孩子适应凡事儿都能取得成功的虚假表象。父母要让孩子知道，和成功相比，失败更是理所当然的，这样孩子才能够在失败的过程中以更勇敢的决心和毅力面对，也才能真正地成为命运的主宰。

孩子的一生是漫长的，父母不可能陪伴孩子走完全程。父母即使给孩子留下再多的财富，也不能保障孩子一生无忧。明智的父母不会过于看重财富，而是会给孩子留下一颗强大的内心，只有这颗强大的内心才能陪伴孩子面对人生中的风风雨雨、坎坷泥泞，也才能够让孩子在离开父母的庇护之后，依然以强者的姿态做好人生中的每一件事情，渡过人生中的每一次难关。

内向的孩子需要安全感

如果你曾经看过新生儿，那么你就会知道新生儿的生命非常脆弱，他们必须得到父母无微不至的照顾和全方位的保护，才能成长起来。由此可见，孩子在生命的初始阶段，要想生存下去，就离不开父母的保护。但是随着渐渐成长，孩子却越来越独立。孩子在一岁前后学会行走，他们想要探索自己的世界，他们不想再让父母抱着他们，而会乐此不疲地走来走去。他们探索的范围越来越广泛，而不仅仅局限于在周围小小的世界里。在两岁前后，孩子的自我意识渐渐地形成，如果说在两岁之前孩子认为自己与外部世界是一体的，那么两岁之后，孩子认识到自己与外部世界是截然不同的，他们就会对外部世界更加充满好奇。在这样的情况下，父母更是要用心地保护好孩子，避免孩子受到伤害。

孩子的成长意味着他们在行动上的日渐独立，到心理上也变得独立。当然，孩子的成长是一个矛盾的过程，一方面他们充满了不安全感，觉得自己需要得到父母的保护和照顾，另外一方面,他们又不愿意继续留在父母身边,在父母的保护下成长,而是更希望走到广阔的天地里。但是当真正离开父母身边,孩子又会缺乏安全感。所以父母要想让孩子健康快乐地成长,就要给予孩子安全感,让孩子更加勇敢无畏地去探索自己的世界。

人们常说初生牛犊不怕虎,其实这句话更适合用在外向的孩子身上,和外向的孩子勇敢地探索世界相比,内向的孩子更需要安全感。他们内心非常敏感脆弱,遇到小小的困难就会很担忧,也有可能会因此而形成抑郁的气质。当事情的走向不明朗的时候,内向的孩子还会想到很多糟糕的结果,这使得他们更加胆小畏缩,不敢尝试。很多内向的孩子之所以会在竞争中失败,不是因为他们的对手有多么强大,而是因为他们自己选择了放弃,他们没有充足的信心去面对未知的结果,这使得他们在成长中陷入被动的局面。

看到内向的孩子畏手畏尾的样子,父母们很担忧。在这种情况下,父母应该鼓励孩子,给予孩子安全感,让孩子树立自信心。这样,孩子在做很多事情的时候才能够勇敢向前。在此过程中,父母最好不要给孩子太大的压力。如果父母在孩子真正去做之前,就要求孩子一定要取得好的结果,那么孩子就会担心自己让父母失望,也会害怕自己因此而被父母批评和否定。在此过程中,孩子就会战战兢兢,不能大胆地去做想做的事情。父母要给予孩子更自由的空间,让孩子去发挥自己的潜力,让孩子无所畏惧地去争取得到最好的结果,这样孩子才能战胜内心的恐惧,才能获得安全感。说不定,孩子的表现还会让父母非常惊喜呢!

学校里要开展作文比赛,老师推荐小米作为班级代表参加比赛。小米一直非常擅长写作文,她的文风非常朴实,语言非常生动,每次上作文课,老师都会让小米读作文作为范文给同学们听。同学们听说小米要代表班级去参加比赛,也纷纷表示赞同,但是小米却犹豫不决。

回到家里,小米度过了一个不眠之夜。整个晚上,小米都在床上辗转反侧,她一会儿想到自己如果不能在作文比赛中获得好名次,老师和同学就会感到失望或者生气,老师还有可能对她有看法;她又担心自己如果在作文比赛中不能获得好成绩,还会被爸爸妈妈批评。思来想去,小米决定次日就告诉老师她不想参加比赛了。实际上,她的内心里是很想参加比赛的。在这样纠结的状态中,小米的眼泪簌簌而下,她不知道自己到底怎么了,也不知道自己到底应该如何选择。

显而易见,小米是典型的内向性格,她的内心非常敏感,不知道自己如果在作文比赛中不能取得好成绩该怎么办,是否会被爸爸妈妈批评。可以看出小米是缺乏安全感的,这很可能与爸爸妈妈总是批评和否定小米有关系。

在家庭教育中,父母的言行对孩子的性格形成、身心健康都会产生巨大的影响。很多父母会对孩子提出过高的要求,他们认为只有目标远大,孩子才能获得更大的进步。实际上,这是对于成长的误解。父母为孩子制定怎样的目标,要根据孩子的身心发展特点和脾气秉性来决定。如果孩子本身就缺乏安全感，父母又总是批评和否定孩子，那么孩子就会变得更畏缩。对于缺乏自信和安全感的孩子来说，父母要为他们制定短期目标，这样孩子在实现目标之后才会获得成就感。在此过程中，他们也会变得越来越自信。反之，如果孩子无论怎么努力，都不能实现父母为他们制定的目标，那么就会产生很严重的挫败感，也会因为常常被父母批评和否定而感到不安。这样一来，孩子如何能够以积极的姿态迎接挑战呢？

在家庭生活中，父母要为孩子营造良好的家庭氛围，这会使孩子获得安全感。此外，在与孩子相处的过程中，父母也要能够为孩子树立适度的目标，这样可以让孩子认识到自身的能力，从而渐渐地找回自信，对孩子的成长也是很有好处的。教育孩子是一个漫长的过程，尤其是要把孩子教育成才，更是需要父母投入大量的时间和精力。父母只有耐心地对待孩子，也发自内心地赏识孩子，孩子才能够完善自己，修正自己，让自己的表现越来越好，最终成为父母所期望的样子。

很多父母都不能容忍孩子犯错，他们要求孩子，不管任何方面都要好好表现。他们在生活上把孩子照顾得非常周到，也坚持给孩子吃好穿好，认为这就是爱孩子的表现。而实际上，他们根本不懂得如何爱孩子，也从来没有给孩子精神和情感上的养料。对于孩子而言，物质生活固然是成长的重要方面，但是精神和情感上的滋养更是成长中必不可少的。高尔基曾经说过，即使是母鸡，也会爱自己的孩子。但是，教育孩子却是一项需要父母毕生投入的伟大事业。父母必须具有很高的才能，具有广博的生活知识，必须能够谨慎、耐心地对待孩子，才能把教育孩子变成一种艺术。

从高尔基对于教育的这番论述，我们可以看出，教育孩子真的是一件伟大而又复杂的事情。父母不要认为只要满足孩子的日常生理需求，孩子就会健康地成长。要想让孩子的心灵充实，内心强大，父母就要注重给予孩子精神和情感上的养料，让孩子获得安全感，这样孩子才能够真正地成长起来。

换一个角度，人生豁然开朗

很多成人对于人生都充满了抱怨，他们觉得人生不如意，也遗憾自己的很多心愿都没有完成，自己想要的东西也都没有得到，所以他们会在生活中感到不满足。作为父母，如果总是在孩子面前对生活怨声载道，那么就会在不知不觉间影响孩子，使得孩子也形成消极的生活态度。很多内向的孩子原本就性格懦弱，遇到事情的时候非常迟疑，不知道应该如何做出选择。在这种情况下，如果父母再给他们负面消极的影响，他们对于人生的态度就会更加被动。所以父母在孩子面前一定要谨言慎行，不要当着孩子的面说消极的话，尤其是在遇到难题的时候，更是不要当着孩子的面选择放弃。否则孩子就会和父母一样，认为人生苦短，觉得人生就是不如意，而不能看到人生

第四章 积极乐观，让成长坚韧不拔

中那些令人快乐和满足的事情。

内向的孩子性格上偏向于被动。那些主动的孩子不管遇到怎样的难题，大多数时候总能够积极地想办法解决，虽然有的时候结果并不能够令人如愿，但是他们依然会勇敢地尝试，所以他们会坚持到最后。在真正的结果没有到来之前，他们会不放弃地继续努力，正是因为如此，外向的孩子才能够争取到更多的机会，也才有可能在事情没有真正定局的时候赢得转机，让自己在成长过程中有更好的表现。

面对内向的孩子，父母在教育孩子的时候，要教会孩子换一个角度去看待问题。很多问题从一个角度来看是令人绝望的，但是如果能够换一个角度来看，就会给人以希望。曾经有一个老奶奶，不管是晴天还是雨天，都愁眉苦脸地坐在自家的门口。邻居看到老奶奶每天都眉头紧锁，有的时候还泪眼婆娑，忍不住问老奶奶："老奶奶，今天太阳这么好，您坐在这里晒得身上暖洋洋的，为何满脸的不高兴呢？"老奶奶说："我的小儿子是卖雨伞的。天气好的时候，雨伞就不好卖，他就赚不到钱。我很担心他们不能养活自己，但是我又没有能力帮他们。"听到老奶奶这么说，邻居感慨地说："真是可怜天下父母心啊！孩子已经长大了，您还这样为他们操心！"邻居终于理解了老奶奶为何整日愁眉苦脸。

过了几天，下起了瓢泼大雨，邻居看到老奶奶依然坐在门口，泪眼婆娑，感到更纳闷了。他问老奶奶："老奶奶，今天下大雨，您儿子的伞一定卖得很好，您为什么还是不高兴呢?"老奶奶说:"我的大女儿是开染坊的,开染坊要靠着大太阳才能把染好的布晒透。如果总是下雨,我女儿就没有办法做生意了。"邻居看着老奶奶愁眉苦脸的样子,对老奶奶说:"老奶奶,你应该换一个角度看问题啊!晴天的时候,您女儿的染坊肯定生意很好;雨天的时候,您儿子的雨伞店铺肯定生意很好。这样一来,不管是晴天还是雨天,你的儿女们都能够赚到钱,这可多好呀!"听了邻居的分析,老奶奶破涕为笑,说:"真的,我的儿子和闺女总能赚到钱,不管是晴天还是雨天。看来,他们真是选择了一个好职业。"看到老奶奶转忧为喜,邻居也欣慰地笑了。

这个故事告诉我们,对于同一个问题,换一个角度来看,就会有不同的结果和感受。孩子在漫长的人生之中一定会遇到很多这样的抉择或是难题,如果他们总是怀着悲观的角度去看待问题,让自己郁郁寡欢,又如何能够拥有幸福快乐的人生呢?所以,父母要从小培养孩子辩证唯物主义的思维方式,让孩子能够一分为二地看待问题,也让孩子形成乐观的思维模式。当问题让孩子感到压抑或者无助的时候,就让孩子换一个角度,从更积极乐观的角度来看待和解决问题,这样孩子也许就能取得最好的结果!

换一个角度,让人生豁然开朗,这听起来很容易,但是实际上,人很容易陷入思维的怪圈之中,也会有思维定势存在,必须打破这些束缚,孩子才能冲破局限。既然如此,父母就要从小培养孩子积极乐观思考问题的好习惯。在家庭生活中,父母也要给孩子做好榜样，不要当着孩子的面表现出对生活的悲观绝望。如果父母始终都能够积极乐观地对待生活，那么孩子就会向父母学习，也会在父母潜移默化的影响之下，从积极的角度来考虑问题。

除了要给孩子做好榜样之外，还要避免孩子成为完美主义者。现实生活中，很多内向的孩子都是完美主义者。他们不管做什么事情，都希望自己做得最好，也希望自己没有任何瑕疵。因为过于追求完美，孩子们往往会陷入悲观中。也许有些父母会感到奇怪：孩子是完美主义者，一定是内心充满期望的，为何又会感到悲观呢？其实这正是因为孩子们过于追求完美，所以才会否定自己。现实生活中，没有什么事情是绝对完美的，如果孩子总是认为自己应该表现得绝对完美，对自己提出过高的要求，那么他们在此过程中就会发现自己做得不够好，也会否定和批评自己。不得不说，这样的表现会让孩子特别被动。

很多父母要求孩子书写必须工整，书包必须收拾整齐，虽然这对孩子养成良好的习惯会起到积极作用，但是如果孩子已经在这些方面做得很不错了，父母就不要再对孩子提出更苛刻的要求。生活是非常琐碎的，涉及方方面面的事情，如果孩子要求自己在每一个方面都做到极致，那么他们就会陷入焦虑的状态。如此一来，他们怎么还有时间和心情去享受生活呢？古人云，凡事皆有度，过犹不及。哪怕是追求完美，也要适度，而不能过度。父母在对孩子提出要求时，也要适度。父母应该更多地关注孩子当前的状态,如果孩子在某些方面已经表现得非常好了,就要教会孩子学会满足,而不要让孩子因为追求完美而总是和自己过不去,这一定会让孩子内心紧张焦虑,而且缺乏安全感,对孩子的成长是极其不利的。

学习他人的优点,摆脱自卑的泥沼

很多内向的孩子都有自卑心理。自卑,从本质上来说,与谦虚是不同的。谦虚的孩子更能够虚心学习他人的优点,而自卑的孩子却在性格上陷入了缺陷之中,他们会被自卑的情绪束缚住,不能正确地看待自己。很多内向的孩子都胆小害羞,他们觉得自己不管在哪个方面都不如别人。当孩子长期处于这样的负面心理状态下,父母就必须引起重视,否则一旦孩子的自悲心理从轻微发展到严重,那么孩子的人际交往、生活或学习都会受到影响。孩子会因为自卑,不能积极主动地做好自己该做的事情,甚至会因为自卑而选择放弃。众所周知,放弃的结果有多么严重。所以说,放弃就是彻底的失败。因此父母一定要帮助孩子摆脱自卑的负面情绪,让孩子积极地学习他人的优点,积极地发扬自己的长处。

一直以来,人们对于自卑的孩子都存在一定的误解。大多数人都觉得自卑的孩子肯定家境贫困,父母教育孩子的方式也是简单粗暴的。实际上并非都如此。在很多家境优渥、父母懂得教育的家庭里，孩子也会产生自卑的心理，这是因为父母太过优秀，使孩子觉得自己不管在哪些方面都不如父母，因而陷入自卑的泥沼之中无法摆脱。新生命在呱呱坠地之后，要依靠父母的照顾才能成长。随着不断成长，他们会越来越崇拜父母。孩子的模仿能力是非常强的，在成长的过程中，他们看到父母做出一些好的行为，就会情不自禁地模仿父母。尤其是对于父母出类拔萃的那些方面，孩子们更是迫不及待地想模仿父母，让自己也和父母一样表现优秀。但是孩子毕竟还是孩子，他们各方面的能力都不足，也有可能因为一些其他的原因，导致孩子不管怎么努力，都不能得到父母的认可，或者都不能达到父母的高度，渐渐地，孩子就会越来越自卑。

父母不要再觉得孩子是因为家庭生活不幸福才会自卑，而是也要看到孩子因为父母太过优秀产生自卑心理。当父母意识到这一点之后，就能调整与孩子相处的方式，从而帮助孩子摆脱自卑。很多性格内向的孩子一旦陷入自卑之中，自尊心就会受到伤害，他自信心就会变得越来越脆弱。在此过程中，他们还会压抑自己的上进心，认为：既然我即使努力也不能和父母一样优秀，或者是和他人一样得到父母的认可，那么我还有什么必要努力呢？还有一些孩子因此而产生了自暴自弃的想法，不愿意继续努力，这对孩子的成长来说当然是很不利的。

那么，父母如何做，才能帮助孩子摆脱自卑的泥沼呢，让孩子积极地学习他人的优点，也客观公正地看待自己，从而让自己变得越来越优秀呢？

首先，一切的家庭教育都是以沟通的方式进行的，那么在与孩子沟通的过程中，父母切勿给孩子贴上负面标签，也不要挖苦贬低孩子，更不要嘲笑孩子。孩子的自尊心是非常强的，他们特别看重父母对于自己的评价。有一些孩子还没有形成自我评价的能力，就会把父母的对他们的评价作为自我评价。因而在和孩子沟通的时候，不管孩子的表现能否让父母满意，也不管孩子犯了什么错误，父母一定要谨言慎行，切勿损害孩子的自尊和颜面，也避免因此而使孩子产生逆反心理。父母要知道，孩子在成长的过程中一定会犯错，而且他们不可能在每个方面都达到父母的要求。所以父母要有足够的耐心对待孩子，尤其是在孩子遭遇挫折的时候，要多多鼓励孩子，让孩子扬起自信，而不要以否定的方式打击孩子的自信心，使孩子彻底放弃努力。

其次，有人说这个世界上并不缺少美，而只是缺少发现美的眼睛。我们也要说，孩子的身上并不缺少优点，而是因为父母还没有发现孩子的优点。很多父母看自家的孩子怎么看怎么喜欢，觉得自家的孩子浑身都是优点，而有一些父母则恰恰与此相反，他们看自家的孩子浑身都是缺点，总是觉得自家的孩子处处都不如别人家的孩子。前一种父母会给予孩子很强大的自信，而后一种父母则会让孩子变得越来越自卑。

每个人都有优缺点，正所谓人无完人。父母不要总盯着孩子的缺点和不足，也不要揪着孩子的错误不放。很多父母觉得自己只要找出了孩子的缺点和不足，也指出孩子的错误，那么孩子就会在父母的指点之下快速进步,改正错误,积极进取,这样父母也就尽到了教育孩子的责任。其实,这样的想法是大错特错的。父母既要给孩子指出缺点和不足,也要帮助孩子改正错误,还要讲究方式方法。心理暗示的作用是非常强大,如果父母每天都在喋喋不休说孩子做得不好的地方,那么孩子就会认为自己一无是处,甚至失去信心,不愿意改正自己的错误。父母要想让孩子改正缺点,可以以另外一种方式进行,那就是像自己所期待的那样夸赞孩子。正如人们常说的,好孩子都是夸出来的。当父母坚持夸赞孩子,给予孩子积极的心理暗示,孩子就会尽量改正自己做得不好的地方,让自己的表现更加符合父母的预期,这样既能够帮助孩子有很好的转变,也能够让孩子充满信心,何乐而不为呢?

最后,父母要教会孩子正确认知自己。古希腊著名的哲学家苏格拉底曾经说过,每个人都要认识自己,这是因为人往往能够认识到周围客观存在的世界,却"不识庐山真面目,只缘身在此山中"。每个人都会忽略自己的行为和心理,凭着本能去做出一些举动,而不知道自己为何做出这些举动。一个人只有真正认识自己,才能客观地评价自己,也才能给予自己正确的定位。在此基础上,孩子就能为自己设定远大的目标,在遇到困难和挫折的时候,也可以评估自己的能力能否战胜它。

认识自己对于孩子而言是很重要的。很多孩子没有行为边界,不知道自己能做哪些事情,不能做哪些事情,尤其是在越过行为边界的时候,他们会给自己带来很多麻烦。如果认识自己，孩子就能够控制好自己的行为边界，也能够让自己在成长过程中有更出色的表现。最重要的是认识自己还可以发展和完善自己，这对于孩子拥有充实美好的人生是至关重要的。

孩子先要认识自己，才能给自己设定合理的目标，在实现目标的过程中，又具备了更强的自信。在此基础之上，他们会为自己设立更为远大的目标，由此循环往复，他们就会获得最终想要的成功。这才是人生成长的良性循环。

不要沉浸在痛苦的回忆中

虽说人生漫长，但其实只有三天的时间，即昨天、今天和明天。内向的孩子因为不善于倾诉，往往把很多不开心的事情都压抑在自己的心中，这使他们承受了很大的心理压力。尤其是在有些事情上，他们并没有想明白其中的道理，就会怀着悲观的心态去想象各种糟糕的结果。在这样思考的过程中，他们的痛苦被酝酿，变得越来越大。他们的心理压力也变得更强，这使得他们无法正常地生活和学习。而实际上，在人生的三天——昨天、今天和明天之中，昨天已经过去，成为了无法改变的历史；今天才是我们真正正在经历的，也是可以改变的；明天虽然是美好的，却还没有真正到来。所以，我们在今天，对于明天是无法掌控的。由此可见，每个人真正可以掌握的只有今天。对于内向的孩子来说，要想从痛苦的回忆中摆脱出来，就应该让自己活在当下，更加关注今天。

如果因为沉浸在过去痛苦的回忆中，导致我们错过了今天，那么我们的明天也就不会再那么美好；如果因为憧憬明天而使得今天无所事事，那么明天就会变成水中花、镜中月，即使有再美好的设想也不会实现。由此可见，过好今天多么重要。对于已经发生的事情，我们是无法改变的。孩子与其因为这些事情而怨声载道，沉浸在痛苦之中无法自拔，还不如过好今天，因为如果今天过得不好，等到了明天，孩子们就会又有了一个痛苦的回忆，那就是关于昨天的回忆。只有把今天过好了，孩子们在到了明天之后，才会拥有一个美好的昨天值得追忆，倍感欣慰。

不可否认的是，人生之中常常会发生各种各样的意外，使我们受到痛苦的打击。但是这并不意味着我们在打击之下就会一蹶不振，就会始终因为被打击而感到痛苦。越是受到了沉重的打击，越是应该积极地摆脱痛苦，因为人生只要活着，就要努力地向前看，而不能沉浸在痛苦之中无法脱身。作为父母，应该坚持对孩子进行正确的教育，以让孩子养成一切向前看的良好心态。

自从奶奶去世之后，乔乔感到非常痛苦。乔乔从小是由奶奶养大的，与奶奶之间的感情非常深。直到上小学，乔乔才离开奶奶的身边。在上小学之后，每个周末，乔乔都会回去看望奶奶，和奶奶一起过周末。

看到乔乔每天都沉浸在痛苦之中，泪眼婆娑，没有心思学习，也没有胃口吃饭，妈妈感到非常担忧。一开始，爸爸妈妈都尽量避免在乔乔面前提起奶奶，但是后来他们发现这样做并不能帮助乔乔减轻痛苦，反而让乔乔更长久地沉浸在对奶奶的思念之中。妈妈很清楚，对于孩子而言，想要理解死亡是很难的。她知道，乔乔的情绪需要一个发泄口。思来想去，妈妈决定正面和乔乔谈起奶奶去世的问题，这样说不定还能帮助乔乔尽快摆脱痛苦。

周末，妈妈对乔乔说："乔乔，今天咱们画一幅画，好不好？"乔乔无精打采地看着妈妈，问："画什么画呢？"妈妈说："今天，我们画一画你心目中的奶奶，好吗？"听到妈妈的提议，乔乔的眼泪簌簌而下。妈妈语重心长地对乔乔说："乔乔，奶奶已经去世了。奶奶的生命已经不存在了。但是，她很有可能以另外一种形式在看着我们呢！我们每天是高兴还是伤心，奶奶都会知道的。今天，妈妈希望你画一画你心目中的奶奶，我们可以把这幅画烧给奶奶看，好不好？"听到妈妈的话，乔乔这才产生了一些兴趣。他问妈妈："奶奶真的能够看到我的画吗？"妈妈说："奶奶活着的时候最疼爱的人就是你，她一定还在天上关注着你呢。如果奶奶看到你现在的样子，看到你每天不吃不喝，学习成绩下降，她一定会感到很伤心的。妈妈希望你把这幅画当成一封信，告诉奶奶你现在生活得很好，安慰奶奶的在天之灵，这样奶奶也就可以放心了。"听到妈妈的话，乔乔若有所思，很快，他就拿起画笔细致地画起了自己心目中的奶奶。

乔乔用了几个小时才画完了这幅画。画完这幅画之后，妈妈明显感觉到乔乔的情绪有了好转，他已经把对奶奶的思念都转移到这幅画中了。渐渐地，乔乔的情绪从痛苦之中走出来了，他又恢复了正常的学习生活。每当有了开心的消息时，他就会在奶奶的遗像面前把这些消息告诉奶奶。

如果爸爸妈妈始终避免在乔乔面前提起奶奶，那么乔乔对于奶奶的思念之情就找不到出口去发泄，使乔乔长久地沉浸在对奶奶的思念之中，感受到痛苦。孩子在成长的过程中会遭遇各种各样的意外，例如失去亲人就是让孩子很难理解的一件事情。那么在孩子陷入痛苦的情绪之中时，父母不要采取逃避的方式，而是可以和孩子一起勇敢地面对。事例中，妈妈让乔乔画一幅画表达对奶奶的思念之情，这就是很好的直接面对痛苦的方式，也能有效地帮助乔乔发泄心中的痛苦。

毋庸置疑，和成人较强的心理承受能力相比，孩子的心理承受能力是比较差的。那么在遭遇过各种突如其来的打击之后，孩子在心理上更容易受到伤害，而且也会长久地沉浸在当时的情绪之中无法自拔，有些孩子还会出现做噩梦等情况。这都是说明孩子在情绪上还没有摆脱痛苦，那么父母要帮助孩子尽快恢复正常的生活，让孩子找到合理的渠道发泄情绪，也让孩子知道事情已经真正发生了，不可能再改变。唯有如此，孩子才会渐渐地从痛苦之中摆脱出来。

父母在发生糟糕的事情时，总是会刻意地向孩子隐瞒回避孩子，避免和孩子谈起这些事情。父母要知道，孩子总有一天要长大，要独立地面对生活，与其让孩子在长大之后猝不及防地面对生活残酷的真相，不如让孩子从小学会接受这些可怕的事情。毕竟这是成长的必然，是不可逃避的。虽然孩子会因为这些事情而感到痛苦，但是他们终究会知道这些事情会给他们的人生带来怎样的改变。只有从心理上接受各种事情，孩子才能从容地应对人生，这当然是父母所希望看到的。

赏识教育，让孩子扬起信心的帆远航

每个孩子都发自内心地想得到父母的认可和赏识，但是偏偏很多父母对孩子提出了过高的要求，这些要求甚至苛刻。在此过程中，父母发现孩子总是不能达到他们的预期，就会批评和否定孩子。对于内向的孩子而言，如果总是被父母批评和否定，原本就缺乏自信心的他们会陷入自卑的情绪之中，导致否定自己，很多事情不敢去做。

父母如果想改变内向的孩子自卑的心态，就应该多多地对内向的孩子开展赏识教育。所谓赏识教育，就是要满足孩子渴望被肯定的心理需求，让孩子在做好一件事情之后得到父母的赞赏。这会让孩子感到欣慰，也会让孩子感到幸福。在此过程中，孩子的荣誉感会越来越强，他们也会树立自信，变得更加积极向上。正因为如此，才有人说，赏识是教育孩子的万能充，对所有的孩子都会产生积极的作用。那么，父母要如何用好赏识这个万能充呢？

小强的性格非常倔强，他还很顽皮，在日常生活中经常做出一些让家人生气的事情。小强的表弟小磊只比小强小五岁，每次来到家里玩儿的时候，小磊都会跟在小强的身后叫着"哥哥，哥哥"。小强呢？虽然当着大哥哥，却丝毫也不谦让小磊，还常常会欺负小磊，把小磊弄哭。

有的时候，小磊只是想玩一玩小强不想玩的玩具，小强也坚决不让小磊玩。看到小强这么小气，爸爸妈妈都觉得很不好意思。尤其是在小磊伤心地哭起来的时候，爸爸妈妈更是想方设法地哄小磊开心，生怕小磊下次再也不愿意来和小强玩了。

表弟小磊尽管只有五岁，但他却是一个很乖巧可爱的孩子。为了讨好哥哥，跟哥哥一起玩儿，小磊很愿意把自己好吃的、好玩儿的都跟哥哥分享。但是小强可不买表弟的账，他非常霸道地把这些东西据为己有，霸占了这些东西，拒绝和小表弟分享。这个周末，表弟又带着很多吃的、玩的来到家里。表弟才刚进家门，就把自己和妈妈在超市买的冰淇淋分给小强吃。小强把所有冰激凌都抱在怀里，坚决不让表弟吃冰激凌，表弟伤心地哭了起来。这个时候，小强妈妈非常恼火，正想狠狠地批评小强，突然想到：小强之所以与表弟这么针锋相对，对表弟这么吝啬，也许是因为觉得大家都更加关注表弟吧！想到这里，妈妈改变了策略，她对小强说："小强是最好的哥哥，小强还非常乐于分享。别说是对表弟了，就算是对其他的小朋友，小强也非常友爱。"

如何开发内向孩子的性格优势

听到妈妈不像以前那样批评和否定自己,小强疑惑地看着妈妈。这个时候,妈妈看着小强的眼睛,对小强说:"小强,我记得你上周在公园里和小朋友玩的时候,还把自己的皮球给小朋友玩了呢!你对陌生的小朋友都这么大方,表弟可是姑姑的孩子呀,姑姑对你多好啊,对不对?你小时候,姑姑总是给你买各种好东西,所以我想你对表弟一定会更慷慨的!"听了妈妈的话,小强不再迟疑,他拿出一个巧克力冰激凌给表弟吃,表弟终于破涕为笑了。

以往妈妈看到小强对表弟非常吝啬,还欺负表弟,总是会批评小强,却没有起到良好的效果。这次妈妈可有经验了,她对小强反其道而行,非但没有批评小强,还夸赞小强非常大方。让妈妈惊讶的是,这个灵机一动想出来的办法效果非常好,小强居然主动地拿出冰激凌给表弟吃了。

如今,越来越多的父母都感叹孩子非常自私任性,而且很难以管教,即使犯了错误也不愿意承认,更不想接受批评。爸爸妈妈虽然很用心地引导和教育孩子,孩子却根本不愿意听,还经常发脾气,暴躁任性。孩子为何会出现这么多负面的表现呢?其实是因为他们渴望得到赞赏,而爸爸妈妈却不曾满足孩子的心理需求。就像事例中小强的妈妈一样,在她满足了小强渴望得到赞赏的心理需求之后,小强的行为马上有了很明显的转变。

很多父母误以为只有为孩子指出缺点和不足,也为孩子指出错误,孩子才能积极地改正,做出更好的表现。实际上,事实并非如此。孩子是很渴望得到赞赏的，如果父母总是批评和否定孩子，那么孩子就会变本加厉，破罐子破摔。著名的教育家叶圣陶先生曾经说过，"教育是农业而不是工业"，这意味着什么呢？这说明孩子不是流水线上的产品，不能去生硬地纠正孩子，而是要把孩子当成农产品，因为农产品的成长要经历漫长的过程，需要风调雨顺，需要和风细雨，所以父母在此过程中也一定要有所感悟，用赞美来代替指责对待孩子。这样，父母就会惊喜地发现孩子有了明显的改变。

除此之外，父母还要以发展的眼光看待孩子。很多父母在看到孩子表现不好之后，就对孩子形成了不好的印象，认为孩子是烂泥扶不上墙，不会改变。这是对于孩子的误解。孩子的心理状态每时每刻都在发生变化，如果父母相信孩子在下一次会表现得更好，那么孩子就会真的如同父母所愿。所以父母不但要赞美孩子，还要表现出自己对孩子的殷切期望，这样孩子才会以更好的表现给父母惊喜。

此外，父母还要看到孩子在各种不当的行为背后隐藏的心理原因。有的孩子之所以总是喜欢贬低他人，是因为他们自己很追求上进。当他们不能靠着努力上进超过别人的时候，他们就会因为不服气而说一些贬低他人的话。在这种时候，父母要给予孩子积极的鼓励，要让孩子相信他们只要努力就会有所进步。也有一些孩子受到周围环境的影响，所以会有糟糕的表现。环境对人的影响是很大的，尤其是对孩子，所以父母不要总是否定孩子，也不要给孩子贴上负面标签。孩子即使暂时表现不好，父母也依然要相信孩子的本性是善良的，也要给予孩子积极的心理影响，引导孩子朝着好的方向去成长和发展。父母会夸，就能把孩子夸得越来越好。如果父母只批评，就会让孩子的表现越来越差。所以父母要慷慨地赞扬孩子，也要艺术地批评孩子，这样双管齐下，才能帮助孩子扬起信心的风帆远航。

第五章

奠定人生的基石，让性格内向的孩子未来可期

优秀的品质是孩子人生的基石，作为父母，要挖掘性格内向的孩子的品质，让性格内向的孩子未来可期。曾经有一位名人说过，不要急于求成，也不要想一步就到达人生的巅峰。每个人都应该知道在自己的优秀品质和灵魂中最值得珍惜的是什么，才能够将其挖掘出来，发扬光大。父母在教育孩子的过程中也应该坚持这样的原则，努力挖掘孩子身上的闪光点，让孩子优秀的品质绽放光彩，而不要只盯着孩子的成长。孩子只有拥有优秀的品质作为人生的基石，才会拥有更加精彩的未来。

独立思考：坚持己见是一个优点

大多数内向的孩子都不善言辞，但是他们有一个非常明显的优点，那就是勤于思考。在遇到很多问题的时候，他们必须先进行慎重的思考，也要深入研究问题的本质，剖析问题的内在，这样才能发表自己的看法。和外向的孩子总是迫不及待地发表自己并不成熟的看法相比，内向的孩子显然更加稳重，考虑也更周全。那么当看到内向的孩子陷于思考之中的时候，父母不要过于催促孩子，而是要鼓励孩子等到想好了再表达自己的观点和看法。如果孩子的观点和看法是有道理的，那么父母要大力支持孩子。即使孩子的观点和看法有一些片面，父母也应该看到孩子思想上的闪光点。这样孩子就不会因为自己总是落后于他人而感到难为情，在此过程中，他们也会更加自信，表现得越来越好。

细心的父母会发现，内向的孩子在遇到问题的时候更喜欢独自思考，而不喜欢被他人打扰，也不希望他人不合时宜地给予帮助。在这种情况下，父母不要打扰孩子，而是要给予孩子更多的时间和独立的空间，让孩子沉浸在思考之中。这对于培养孩子的专注能力，提升孩子的思维能力，都是非常有好处的。古往今来，很多优秀的人从小都非常内向，他们不像外向的孩子那么活泼开朗，却具有很强的思考力。

第五章 奠定人生的基石，让性格内向的孩子未来可期

汤川秀树是日本大名鼎鼎的物理学家，从小他就是一个非常内向而且沉默的孩子。和其他的孩子非常喜欢表达，热衷于玩各种各样的游戏不同，汤川秀树总是喜欢独自留在房间里安静地思考。看到汤川秀树这样的表现，爸爸妈妈既感到欣慰也感到担忧，因为他们希望汤川秀树得到更多的快乐。他们却不知道，对于汤川秀树而言，这样安静的思考就是一种快乐。

有一天，汤川秀树无意间在书本上读到了一句话——物体是可以无限分割的。他由此陷入了深沉的思考之中，他想知道分割到最后，物体最终将会剩下什么。一开始，汤川秀树以为物体分割到最后就无法分割了，但是他的哥哥却认为物体不管怎么分割，都能继续分割下去。为此，汤川秀树与哥哥之间展开了激烈的争执，哥哥无法说服汤川秀树，情急之下还狠狠地揍了汤川秀树。

为了思考这个问题，汤川秀树花费了整整一个多星期的时间查阅了大量的资料，最终他证明了这句话是正确的。直到自己验证了这句话是正确的，汤川秀树才算认可了哥哥的观点。不过即使证明了这句话是正确的，汤川秀树也从没有放弃对这个问题的深入思考。成年之后，汤川秀树在物理学领域有了很大的成就，他用物理学方法证明了这个观点是正确的，那就是分子也是可以再分的。因为这个伟大的发现，汤川秀树获得了诺贝尔奖，成为了在日本乃至全世界都很有名气的物理学家，也为人类的发展做出了卓越的贡献。

很多外向的孩子看到一句话，也许看完就忘记了，而不会

101

进行深入思考，或者也许当时会感到疑惑，思考片刻，但是很快又会因为做其他的事情而把这个问题放下。但是内向的孩子却不同，他们的生活并不像外向的孩子那么丰富精彩，所以他们有更多的时间来投入关于这个问题的思考之中，也会因为没有外界打扰而更加专注。这是内向孩子在性格方面很大的一个优势。

父母要因势利导地培养孩子的思考能力，让孩子学会独立思考，坚持己见。尤其需要注意的是，当孩子面对一些难题的时候，父母不要当即把难题的答案告诉孩子，而是应该给予孩子时间和空间去进行独立思考。很多父母看到孩子绞尽脑汁也想不出问题的答案，因为着急，就会直接把答案告诉孩子，这样会损害孩子的思考力，也会让孩子渐渐地形成依赖性，不愿意再进行艰难的思考。勤于思考的孩子看似浪费了时间和精力，实际上他们在思考的过程中使思维能力变得越来越强，对于问题的本质也看得更加透彻。仅从表面看起来，他们可能做事情的效率比较低，而实际上，他们把每一件事情都做得非常深入，也非常圆满。所以父母不要只是为了让孩子快就催促孩子，而是可以更加深入地了解孩子在做事情的过程中遇到了什么难题，或者经历了怎样的思考过程，这样才能激励孩子更加专注，更加用心。

除了要保护孩子思考的好习惯之外，父母为了激发孩子思考的欲望，还要为孩子创设思考的空间。对于孩子而言，这个世界是新鲜有趣的，再加上孩子的好奇心很强，他们就更会频繁地进行思考。孩子接触新鲜事物有很多途径，他们在每天的生活中都会因为一些事情感到新鲜。除此之外，父母还可以有意识地带孩子去接触更多的事物，例如带孩子去科技馆、植物园、博物馆等场所，让孩子了解更多的科技成就和产品，看到更多的历史文物，也看到更多的自然景观。这对于开阔孩子的眼界，激发孩子积极思考，都是大有裨益的。

有些父母喜欢把自家的孩子拿去和别人家的孩子比较，当看到别人家的孩子外向开朗、充满信心的时候，他们就会因为自家孩子的木讷寡言和懒惰而感到担忧。实际上，性格内向的孩子只是看起来这样而已，他们内心的思维是非常活跃的。在培养孩子的兴趣和特长时，父母不要盲目地模仿他人，而是应该尊重孩子的爱好，从孩子自身的脾气秉性出发，给孩子报名合适的项目。这样孩子才能获得更好的成长。尤其是在孩子打破砂锅问到底的时候，父母一定要有耐心，支持孩子积极地提问。即使被孩子难住了也没关系，父母还可以和孩子一起查阅资料，让孩子知道很多问题只要努力钻研，就能够找到结果。解决问题的能力，对孩子而言当然是非常重要的。

在和孩子一起寻求问题答案的过程中，父母还应该有意识地培养孩子活学活用、举一反三的能力。孩子在成长的过程中要坚持学习大量的知识，掌握很多技能，但是他们的目的并不是学习知识和掌握技能，而是学会学习和思考的方法。如果父母能够灵活地教育孩子，让孩子知道如何才能对问题举一反三，如何才能对所学到的知识活学活用，那么，相信孩子在把知识运用到生活中的时候，会感到更加兴奋，也会更愿意积极地投入学习之中。

独立自主：放手，让孩子快速成长

相比于外向的孩子喜欢热闹，喜欢置身于喧嚣的环境之中的特点，内向的孩子往往喜欢独处。他们头脑冷静，即使面对复杂的人和事，也能够笃定地做自己该做的事情，坚守自己的内心。但是，在这样的沉稳背后，内向的孩子也会表现出性格上的软弱、怯懦。父母要想培养孩子的独立性，让孩子坚强独立，就应该对孩子放手，这样才能给孩子更多的机会，让孩子发展自身的能力，让孩子快速地成长。

现实生活中，很多父母都抱怨孩子胆小怯懦，也觉得孩子太过于依赖自己，不管做什么事情都需要父母陪伴在他们的身边。父母迫不及待地希望孩子能够独立，却忽略了一个事实，那就是孩子并非天生就能独立。父母在教养孩子的过程中，要有意识地培养孩子的独立性，孩子才能够从依赖父母渐渐地走向独立。如果在教养孩子的过程中，父母从来不让孩子做任何事情，也不让孩子尝试任何危险的事情，那么孩子就会越来越胆小。如果孩子从小并没有形成独立性，在父母的全权包办之下成长，那么即使长大之后，孩子也无法独立地做好自己该做的事情，甚至对于自己的生活起居都无法自理。一个人要想更好地生存在这个社会上,不但要学会知识,掌握技能,而且还要对生活怀有热情,充满创造力,充满向前向上的动力。所以,父母切勿总是把孩子握在手掌心里呵护孩子,而是应该要积极地培养孩子的独立性。

咪咪已经八岁了,她胆子非常小。有时候全家人都在客厅里看电视,她想去卧室里拿一个玩具,却不敢去,非要让爸爸妈妈陪着她,她才能去拿玩具。到了周末的时候,咪咪和小朋友们一起出去玩儿,想要上楼拿一个喜欢的玩具和小朋友一起玩,也不敢自己上楼,必须爸爸妈妈陪着她上楼,她才敢去拿玩具。看到咪咪这样的表现,爸爸妈妈非常担忧,因为和咪咪同龄的孩子都已经能够做很多事情了,咪咪为何总是这样呢?

咪咪读二年级的时候,爸爸妈妈每天中午都会回家为她做饭。后来,爸爸妈妈工作变得越来越忙,所以就决定给咪咪报名小饭桌,让咪咪中午去小饭桌吃饭。咪咪对此很抵触,但是爸爸妈妈真的没有办法克服这个困难,所以好说歹说咪咪才答应去小饭桌吃午餐。但是咪咪才去小饭桌吃了一天,就哭着不愿意再去了。原来,小饭桌的孩子很多,咪咪特别害羞,她吃完了饭觉得没有吃饱,又不敢和小饭桌的老板再要一些饭和菜,因而整个下午都饿着肚子。妈妈看到咪咪这么内向胆小,觉得非常无奈,只好回老家把奶奶接过来,每天中午负责给咪咪做饭。

对于咪咪来说,她才八岁,是一个小姑娘,胆小也算是情有可原的。父母只要抓住这个机会对咪咪进行锻炼，让咪咪变得勇敢，那么咪咪将来还是可以独立的。现实生活中，很多孩子已经进入了青春期，甚至已经上了大学，但是依然不能照顾自己，凡事都依赖父母。他们进入大学校园之后，根本无法很好地生活，使得学习和成长都受到影响。

父母养育孩子最大的目标就是希望孩子有朝一日能够更好地面对生活，那么作为父母，如果总是对孩子紧紧地抓住，不愿意对孩子放手，那么孩子就很容易因此而陷入对父母的依赖之中。一旦离开父母的身边，就无法独自应对生活。要想改变这样的状况，要想让孩子快速成长，父母就一定要对孩子放手。

首先，父母不要溺爱孩子。如今，很多家庭里都只有一个孩子，所以父母往往会把所有的爱和关注都投注到孩子的身上，这使得孩子得到了父母无微不至的照顾和关爱，也使孩子对父母的依赖性大大增强。对于很多原本可以独立去做的事情，孩子都不愿意去做。相比之下，反而是那些穷人家的孩子，因为父母忙于生计，没有太多的时间顾及到他们，所以他们能够更好地成长，各方面的能力快速增强，在独立自主方面也表现得非常好。那么，要避免因为家境优渥而导致孩子依赖性过强，不能独立，父母就要给孩子当家做主的机会。在家庭生活中，对于孩子能做的事情，要让孩子自己做；对于孩子能够管理好的东西，要让孩子负责管理。总而言之，父母溺爱孩子就是害了孩子，只有适当地放手，才是对孩子的人生负责的行为。

很多父母都觉得孩子还小，能力有限。实际上，孩子尽管小，也是具备一定能力的。例如孩子一岁多学习走路的时候，可以把自己用脏的尿不湿扔到垃圾桶里；孩子三岁左右就可以学会独立穿脱衣服。很多时候并不是孩子的能力有限，不能做一些事情，而是父母觉得教会孩子做这些事情非常麻烦，所以不愿意耐心地教孩子。随着不断成长，孩子做事情的欲望会更强，这是因为他们的能力得到了提升。有一些孩子在到了六七岁的时候，还很想帮父母做家务呢！父母应该满足孩子的要求，在刚开始的时候，如果担心孩子的安全，父母可以陪伴在孩子身边，教会孩子安全事项，也让孩子把事情做得更好。随着不断的练习，孩子的表现越来越好，做事情越来越熟练的时候，父母就可以让孩子独立去做。在此过程中，切勿因为孩子做得不好就指责孩子，否则孩子会不再愿意做事情。孩子的积极性一旦受到损伤，那么就会更加理所当然地依赖父母。

其次，要让孩子养成独立完成作业的习惯。如今网络上流行着很多段子，都是关于孩子晚上做作业，父母歇斯底里，家里鸡飞狗跳的。这些段子充分说明了每天晚上孩子做作业的时候，全家人的生活都会受到影响。不得不说，这与父母养成的坏习惯有很大关系。很多父母都习惯于陪伴孩子一起写作业，那么试问：孩子在考上大学之前要读书十几年，父母每天晚上都能陪伴在孩子身边吗？一旦孩子养成了必须在父母的监督下才能完成作业的坏习惯，那么等到父母不在家的时候，他们就不能够积极主动地完成作业。也有一些孩子看到父母始终陪伴着他们，就会形成一种误解，觉得自己学习是为了父母，所以他们在学习上缺乏主动性。

很多父母因为长年累月地陪伴着孩子学习和完成作业，感到压力山大，苦不堪言。每天辛苦工作了一天，回到家里却没有休息的时间，除了要做家务，就是要陪伴孩子写作业。不得不说，这对父母真的是一种严峻的考验。为了避免自己陷入这样的生活之中，也为了培养孩子独立完成作业的好习惯，父母应该学会对孩子放手。对于很多低年级的孩子而言，因为有很多生字不认识，自我检查的能力相对比较差，那么父母可以适度陪读，对孩子起到辅助的作用。但是随着年级增长，孩子的学习能力越来越强，掌握的知识越来越多。他们完全可以独立地完成作业，父母就要抓住这个契机对孩子放手，这样既是尊重孩子、信任孩子的表现，也能够让自己从陪读的苦生涯中摆脱出来。

对于孩子而言，学习是一生的事情，而绝不是某一个阶段的事情；对父母而言，要培养孩子的学习力，让孩子终身学习，终身受益，而不仅仅是让孩子在某一个阶段在学习上的表现比较好。尤其是对于性格内向的孩子，父母更应该多多与孩子沟通，让孩子知道他们读书是为了自己，也让孩子从被动学习到积极主动地学习，还要教会孩子勤于思考，积极提问，这些都是孩子在学习上的好习惯，都能够对孩子的学习起到促进作用。

最后，有一些孩子从小就缺乏独立性，这一点是与父母有关系的。一则，父母在很多事情上都为孩子代劳，不愿意放手；二则，父母总是密切地保护孩子，不给孩子任何时间和空间独处。例如，在一些家庭里，孩子已经六七岁了，还和父母睡在一张床上。这对于孩子的身心成长都是没有好处的。通常情况下，孩子到了三岁之后，就形成了性别意识，知道自己是男生还是女生，那么应该抓住这个机会和孩子分床而睡，这样更有利于培养孩子独立的心理，也有助于孩子形成性别意识。虽然大多数父母都知道应该早早地让孩子分房睡，但是他们却很难做到这一点。有些父母因为孩子抵触分房睡，不忍心让孩子哭闹；有些父母觉得孩子还小，不舍得让孩子自己睡觉。父母要知道，孩子的成长是必然的，不管是父母还是孩子，想要逃避成长都是不可能实现的。父母应该积极地为孩子准备分床睡这件事情，如果孩子胆小，那么父母可以告诉孩子他害怕的东西其实是不存在的，或者根本不值得害怕，和孩子一起驱散恐惧。如果孩子觉得孤独，父母也可以为孩子购买一些玩具放在孩子的房间里，让孩子在玩具的陪伴下甜美地入睡。在晚上睡觉之前，父母还可以陪伴孩子一段时间，给孩子讲故事，让孩子听着情节优美的童话故事，在美好的想象中入睡，对于孩子而言，这都将是他们童年生活美好的回忆。

总而言之，孩子的成长势不可挡，不管是父母不想让孩子快快长大，还是孩子自己不想快快长大，孩子必然会一天一天地成长，而且终将离开父母的身边。与其让孩子在长大后被逼着离开父母的身边时手足无措地面对独立生活，父母不如未雨绸缪，让孩子尽早地适应独立生活，这才是对孩子负责任的态度，也有利于孩子的身心发展。

固执己见：钉子精神助力孩子成功

很多父母都会发现，孩子如果性格内向，就特别容易出现固执的行为，这是因为内向的孩子并不善于沟通，他们的性格相对比较执拗。在自己认为正确的事情上，他们都会犯牛脾气，不愿意听从父母的管教。面对孩子这样的脾气秉性，父母如果只是与孩子对着干，和孩子针锋相对，那么起到的效果往往是非常糟糕。明智的父母知道在必要的时候应该支持孩子坚持自己的选择，这样才能发挥性格内向的孩子固执己见的钉子精神，助力孩子在成长的道路上获得成功。这就是对孩子的因势利导。

从心理学的角度来说，性格内向的孩子自我意识很强，他们对于他人的评价和态度是非常在意的，尤其是对于父母的评价和态度。在和内向的孩子沟通的时候，父母不要太过于粗线条，而是要谨言慎行，要认真思考自己和孩子说的话，从而争取把话说到孩子的心里去。有的时候，孩子会坚持他们认为正确的事情和想法。哪怕父母为他们指出这个想法是错误的，或者某个决定会带来很严重的后果，只要父母不能说服孩子，让孩子心服口服，孩子就会继续坚持自己的想法。在这样的情况下，父母无需浪费唇舌继续试图纠正孩子，与其这样做，还不如给孩子机会去撞南墙，让孩子知道他们固执己见将会带来的结果，这样孩子就会亲身感受到自己不应该这么做，也会变得更理性。

俗话说，不撞南墙心不死。很多性格内向的孩子固执起来就大有这个态势，那么父母在了解孩子的基础上，要找到合适的方法与孩子相处。如果孩子的坚持并不会引起过于严重的后果，这个后果也不是不可承受的，那么父母与其徒劳地说服孩子，激发起孩子的逆反心理，不如支持孩子的固执，让孩子亲身验证他们的所思所想，以及他们的决定是否正确。相信在真正验证了这些事情之后，孩子就会更愿意采纳父母的参考意见，也会知道父母是真心为他们好。

换一个角度来说，孩子的这种固执己见用在错误的事情上，是会让父母抓狂的。但是如果用在他们认为正确，父母也认为的确非常正确的事情上，就会起到很好的效果。这就像是人们提倡的钉子精神，会让孩子在面对坎坷挫折的时候依然坚持不懈，会让孩子在受到打击的时候依然绝不放弃。这对于孩子的成长是极大的助力。

丹丹从小就练习跳舞。在三岁的时候，她就跟随一个很优秀的老师学习舞蹈。到了十岁的时候，丹丹在舞蹈上已经小有成就了。在班级里，她跳舞是最好的；在全校里，她跳舞也是首屈一指的。每当学校或者班级有活动的时候，丹丹都像一个真正的公主一样在舞台上旋转，舞姿优美，绽放自己。然而，在十一岁的时候，丹丹进入了小学五年级，她突然对妈妈提出："妈妈，我不想学习跳舞了。"听到丹丹的话，妈妈感到非常震惊。她说："你已经坚持跳舞八年了。如今你已经在跳舞上有了很深厚的基础，正在提升的阶段，如果就这样放弃了，不是很可惜吗？"丹丹对妈妈说："妈妈，我更喜欢唱歌。虽然我学习跳舞已经有了很扎实的基础，但是在学习跳舞的时候我并不感到十分快乐。在唱歌的时候，我觉得我的心都跟着歌声一起飞了起来，就像一只百灵鸟扑闪着翅膀在天空中翱翔。"听到丹丹的话，妈妈虽然感到很惋惜，但她还是控制住了自己的情绪，对丹丹说："好吧，如果你已经想好了，那么妈妈希望你能够做好你想做的事情。"得到妈妈的支持，丹丹感到非常开心。

就这样，丹丹放弃了学习八年的舞蹈，开始改学唱歌。她在唱歌上面也很有天赋，又因为她非常喜欢唱歌，所以在唱歌方面的进步非常大。高中毕业后，丹丹考入了一所有名的音乐学院，很快就成为了一名歌星，在演唱界崭露头角。后来，她还在歌唱艺术上继续研究和深造，最终成为了大名鼎鼎的歌唱家。每当提起自己的成就时，丹丹都会很骄傲地提起妈妈曾经对自己的支持。她说："妈妈支持我放弃学了八年的舞蹈，这对于妈妈而言真是一个了不起的决定。我之所以有今天的成就，离不开妈妈的支持和帮助，而且曾经练习到八年的舞蹈，也让我有了优美的体型，有了挺拔的姿态，对于我的演唱事业

第五章 奠定人生的基石，让性格内向的孩子未来可期

的发展也是非常有帮助的。我真心感谢我的妈妈！"

事例中，丹丹的妈妈真的是一个非常伟大的妈妈。她虽然已经在丹丹学习舞蹈上面投入了八年的时间和精力，但是在得知丹丹真心想唱歌的时候，妈妈还是毫不迟疑地支持丹丹。很多父母都会强求孩子必须按照父母的期望去成长，而忽略了孩子自身的需求，而实际上对于孩子而言，他们只会在真正想做的事情上获得成就。有一些父母在发现孩子的决定不符合他们的预期和心意的时候，往往会非常急躁，甚至会指责孩子是在瞎闹。但是当冷静下来，认真地和孩子沟通，了解孩子的真实的想法之后，父母们就应该尊重孩子的想法。尤其是当孩子是非常理性地做出这样的抉择时，父母更是要大力给予孩子支持。

内向的孩子虽然表现出固执的性格特点，但是只要对此加以引导，这样的固执己见就会转化成钉子精神。他们并不像外向的孩子一样有那么多的兴趣爱好，但是他们却更加专注，尤其是对于自己感兴趣的领域，内向的孩子总能够做到脚踏实地，一步一个脚印地前行。哪怕前行的道路充满了坎坷曲折，他们也绝不后悔。他们始终奔向自己的目标，也在兴趣的驱使下做出伟大的成就。

毋庸置疑，每个父母都希望自己的孩子能够做出很大的成就，在特殊的领域里出类拔萃，成为行业的楷模。那么在孩子小时候，父母就不要嫌弃孩子脾气很拧，或者指责孩子不知道变通。父母要知道，很多大师级的人物之所以能够在特定的领

域里做出伟大的成就，也许正是因为他们的脾气很拧，他们非常固执。众所周知，没有任何成功可以一蹴而就，这就意味着每一个成功者在追求成功的道路上都会经历坎坷挫折，甚至还会受到很多打击。他们之所以没有半途而废，就是因为他们的固执，他们始终在坚持。所以父母与其试图改变孩子固执己见的性格特点，还不如支持孩子，让孩子把固执变成钉子精神，让孩子在特殊的领域中刻苦钻研，获得成功。

自主反省：一日三省吾身

内向的孩子很擅长自我反省，这个好习惯对于他们的成长将会起到极大的助力作用。这是因为每个人都会犯错误，那么在犯了错误却浑然不觉的情况下，一个人就不可能获得进步。只有坚持反省自己的错误，改正自己的行为，孩子们才能持续地进步，才会有更好的成长。然而，内向的孩子性格是胆小怯懦的，他们在做事情的时候甚至会把自己局限住。尤其是在遭到他人的批评和否定之后，孩子们就会失去自信，变得自卑，还有可能因此而让自己停下前进的脚步。所以在面对内向的孩子时，父母一定要保持理智，不要让自己的冲动对孩子的自尊心造成伤害。即使发现孩子有些事情做错了，也要以合理的方式指出错误。

父母要引导孩子学会自主反省错误，这远远比不分青红皂白地为孩子指出错误,伤害孩子的自尊心效果更好。面对内向的孩子,父母们其实是非常犹豫的,这是因为他们既希望孩子具有自我反省的能力,能够在各种各样的事情中总结经验和教训,也希望孩子不会因此而变得束手束脚,失去了前进的勇气。毕竟人生是一场漫长的旅程,没有人知道人生的终点在哪里,也没有人知道在这场旅程中会经历什么事情。所以只有具有开拓进取精神的孩子才能够做出更伟大的成就,也才能在面对人生的坎坷困厄时始终鼓起勇气。

在这样矛盾的状态中,父母应该找到适合的方法对待孩子,引导孩子提高反省的能力,从而让孩子在认识错误、改正错误的过程中不断地获得进步。很多父母都会抱怨孩子不懂事,或者觉得孩子长不大,还有些父母会指责孩子所犯的错误太过低级了。的确,所有孩子的成长不可能是整齐划一的。很多内向的孩子和同龄人相比,在某些方面的发展可能会相对滞后,能力也会相对薄弱。这不是因为孩子天生愚笨,而是因为孩子缺乏自我反省的能力。一个人要想改正错误,前提是要意识到自己做错了,其次是要知道自己应该如何改正。如果孩子连自己做错了都不知道,又如何会积极地改正错误呢?由此可见,自主反省的能力对于促进孩子成长是非常重要的。

孩子并非天生就能够自我反省,只是在后天成长的过程中得到了父母恰到好处的教育和引导,所以才渐渐地形成了自我反省的能力。孩子为何不懂自我反省呢?这其中的原因是非常复杂的。例如,有些父母在看到孩子有了进步之后,不会认可和肯定孩子。在看到孩子做了错事之后，不会为孩子指出错误，也不会告诉孩子如何做才是正确的。尤其是当孩子不知道如何改正错误的时候，父母也不会告诉他们正确的做法，而只是劈头盖脸地数落、责骂，使孩子手足无措。

在这样粗糙的教育过程中，孩子对于对错并不能够准确地区分，辨别是非的能力也没有得到发展。这使得他们一旦犯错就会非常恐惧和胆怯，根本没有勇气进行自我反省，也没有机会改正自己的错误。因此父母在教育孩子的时候，要以正确的教育方法引导和帮助孩子，也要端正教育的心态，不要急功近利。对于孩子而言，错误正是他们成长过程中的一项重要内容，所以父母要学会接受孩子的错误，积极地引导帮助孩子。

为了提升孩子辨别是非的能力，增强孩子自我反省的意识，父母在教育孩子的过程中要做到以下几点。

首先，父母要发现孩子的优点，表扬孩子。每个孩子都渴望得到父母的认可，尤其是内向的孩子，他们原本就怯懦、自卑。如果父母能够认可他们，他们就会渐渐地树立自信。在发现内向的孩子做了一些该做的事情，并且取得了较理想的结果时，父母一定要慷慨地表扬孩子，而且要以有效的方式鼓舞孩子。

在表扬孩子的时候要及时、具体，而不要空泛地表扬。此外，父母在表扬孩子的时候不要大张旗鼓，因为内向的孩子内心非常敏感，如果父母大张旗鼓地表扬孩子，往往会给孩子造成巨大的压力，使孩子自我怀疑，也不敢开展行动。父母即使在表扬孩子的时候，也要采取和风细雨、润物无声的表扬方式，让孩子能够接受父母的表扬，也让表扬起到良好的效果。

其次，父母要让孩子学会接受批评。很多内向的孩子内心都非常敏感，也特别自卑，一旦被批评，他们就会陷入沮丧的情绪之中无法自拔。有一些孩子因为心眼小，还会记恨别人批评了自己，哪怕明知道自己是错的，也不愿意根据别人的意见去改正错误。为此，有一些父母对内向的孩子采取不批评的方式，这样一来，孩子根本不知道自己哪个地方做错了，所以这对于培养孩子的自省能力是更为不利的。

在发现孩子犯错或者有些事情做得不好时，父母批评孩子要讲究方式方法。要表现出尊重，不要贬低孩子，更不要给他们贴上负面标签；父母批评孩子要做到就事论事，根据某一件事情孩子表现的好坏，指出哪些地方需要改正，哪些地方可以完善和提升。当父母以真诚的态度，耐心地为孩子指出错误时，孩子会更容易接受。当然，父母在批评孩子的时候，还要对孩子提出期望。很多父母对孩子的批评如同狂风骤雨，把孩子的自尊心打得七零八落，那么孩子就会失去自信，觉得自己无论怎么做都做不好，甚至因此而自暴自弃。父母在批评孩子的时候要给孩子信心，让孩子相信他们只要用心地去做，就可以有更好的表现，这对于孩子的成长和进步才是更有利的。

父母还要告诉孩子，那些只会说好话的人并不是孩子真正的朋友，反而那些真心地为孩子指出错误的人，才是真心希望孩子获取进步的人。父母要为孩子做好榜样，在家庭教育中，当父母在孩子面前犯了错误的时候，父母要积极地向孩子承认错误，反思自己的错误，告诉孩子自己将会如何改正。这样的言传身教将会对教育孩子起到最佳的效果。

最后，很多父母都在家中搞一言堂，他们不允许孩子为自己辩解，只图自己一时痛快而肆无忌惮地批评孩子。孩子在觉得委屈的时候，为自己辩解是正常的举动，父母要给予孩子做出解释的机会。所谓理不辩不明，在家庭生活中，父母并不是至高无上的权威，也不是无所不能的神。父母也是人，也会犯错误，也会有考虑不周的地方，那么，给孩子解释的机会，让孩子明辨是非就很有必要。在此过程中，说不定父母还可以跟孩子学习很多优点呢。

在家庭生活中，如果父母经常冤枉孩子，就会让孩子养成逆来顺受的性格，使孩子明知道自己是正确的，父母是错误的，也不敢为自己辩护。看起来孩子非常听话，但是有朝一日走上社会，孩子就会同样地逆来顺受，不能维护自己合法的权益。也有一些父母长期对孩子采取压制的态度，使孩子因为心中愤愤不平而对父母产生报复心理。孩子的心理被扭曲了，最终做出了伤害父母的事情，这样的悲剧显然是人人都不希望发生的。

对于内向的孩子来说，民主和谐的家庭氛围更有助于培养他们良好的性格，更能够让他们学会自我反省。父母不管做出怎样的选择，都要给孩子机会表达自己的想法。只有在父母的爱与尊重中，孩子才能健康茁壮地成长。

承担责任：为自己的行为负责

内向的孩子往往不喜欢说话，他们常常保持沉默，做事情也是比较稳妥的。内向的孩子和外向的孩子喜欢张扬不同，他们生性内敛，做事情往往安守本分，很少惹是生非。父母要培养内向的孩子拥有责任心，从孩子小时候就要讲究养育的方法，这样才能让孩子成为一个有责任心的人。从心理学的角度来说，责任心指的是一个人能够自觉地为自己的行为负责，并且保持相应的态度，做出相应的举动。如果父母从小就很宠爱孩子，在家庭生活中总是以孩子为中心，为了满足孩子的欲望而做出很多牺牲，那么渐渐地，孩子就会习惯这样的生活状态。他们在家庭生活中只会索取爱，而不会感恩，也不会付出爱，更不可能感受到付出的快乐。正因为如此，现代社会中，很多父母都会抱怨孩子缺乏责任心。

曾经有心理学家针对如今的孩子缺乏责任心的现状进行了广泛的调查，发现孩子之所以缺乏责任心，并不是因为孩子本身的品质有问题，而是因为家庭教养方式不利于培养孩子的责任心。

很多父母都对孩子怀有过高的期望，所以他们会很愿意为孩子付出。家庭生活的方式也不再是以父母为生活的重心，而是以孩子为生活的重心，这样的过度教养模式使得孩子随着年龄的增长，责任心的水平非但没有提升，反而出现下降的趋势。尤其是到了小学高年级或者是初中之后，孩子的责任心甚至远远不如在小学低年级阶段那么强，自我管理能力也随之下降。所以父母不要责怪孩子缺乏责任心，而是主动反思自己在家庭教育模式中对孩子的过度照顾和干预，正是这些才导致了孩子缺乏责任心。

　　从社会的角度来说，一个人如果缺乏责任心，是很难在社会上立足和生存的。这是因为在社会生活中，每个人都扮演着自己的角色。如果孩子缺乏责任心，那么在面对自己的生活时，他们就不能照顾好自己；在面对自己的工作时，他们就不能做好自己该做的事情。显而易见，这对于孩子的成长和发展都是极其不利的。如今，很多孩子都缺乏自理能力，他们不能够把自己的生活照顾好，尤其是在父母身边生活的时候，他们凡事都依赖父母，而等到离开父母的身边，他们就会成为生活的低能儿，不能照顾好自己，这使得他们的生活变得一团糟。正如古人所说的，一屋不扫何以扫天下。那么，我们由此可以得出结论：一个孩子如果对自己的事情都不愿意负责，又怎么会对父母怀有感恩之心？又怎么会对身边的人负责，又怎么会对这个社会负责呢？所以父母不要再处处骄纵孩子，而是要从小培养孩子的责任心，让孩子对生活怀有热情和责任，也让孩子具备承担责任的能力。

没有责任心的孩子不知道自我的价值所在，也不能实现自己对于这个社会的责任。只有拥有责任心，孩子才能把自己与周围的人联系起来，才能让自己满怀热情地为社会、为人类做出贡献，也才愿意实现自我的价值。性格内向的孩子如果不能得到父母的引导，就会迷失自己，不知道自己的价值所在，也不知道自己在生活和社会中应该具有怎样的地位。他们还会因此而陷入自卑的情绪之中无法自拔。所以对于孩子而言，责任心是非常重要的。

父母在面对内向的孩子时，除了关注孩子的成长之外，还要更加注重培养孩子的责任心。很多父母都希望孩子能够变得乐观、自信一些，责任心恰恰可以对孩子这些方面的发展起到很大的助力作用。父母教育孩子不要鼠目寸光，有些父母总是盯着孩子的学习和成绩，殊不知，孩子如果拥有责任心，他们就不会再认为学习是为了父母而学的，而是会意识到学习是为了自己，从而在学习上有更为积极主动的姿态。那么，父母如何才能够培养孩子的责任心呢？一定要做到以下几点。

首先，父母要端正教育的心态，教育孩子时不要试图一蹴而就。教育从来不能急功近利，这是因为教育是长期的过程，孩子的成长也要经历漫长的过程。很多父母对于孩子都提出了过高的要求和标准，当看到孩子因为不能实现这些标准和要求而感到沮丧的时候，父母又不知道应该如何安抚孩子，如何帮助孩子。过高的标准和要求往往会给孩子以巨大的压力，如果说父母为孩子设定的目标是孩子稍微努力一下就能实现的，那么孩子对于完成目标的积极性会大大增强；如果说父母给孩子设定的目标是孩子拼尽全力也不可能实现的，那么孩子就会产生严重的挫败感，他们甚至会因此而选择放弃。既然努力与否都只能得到相同的结果，他们的努力又有什么意义呢？

从这个意义上来说，父母对孩子的期望要适度，而不要因为目标过高给孩子带来巨大的压力。父母之爱孩子应该是无条件的，父母之望子成龙、望女成凤，都要以孩子的实际情况作为基础。父母既要以目标引导孩子前进，也要给孩子一份希望，让孩子拥有奋斗的动力，这样孩子才会为自己的成长负责。

其次，父母要给孩子负责的机会。现实生活中，不管孩子犯了什么错误，或者是需要完成什么任务，父母们总是大力支持孩子。有一些父母特别心急，甚至会代替孩子完成任务，扛起原本应该由孩子扛起的责任。这样一来就剥夺了孩子为自己的秉性负责的机会。孩子的责任心并不是与生俱来的，而是在后天成长的过程中渐渐形成的。如果父母从来不给孩子机会去负责，孩子又怎么会形成负责的意识，并且具备负责的能力呢？在很多家庭生活中，父母把孩子照顾得无微不至，这使得孩子连对自己负责都没有机会，孩子就更谈不上为其他的人和事情负责了。父母要意识到，孩子只有在坚持做事情，切实为自己和他人负责的过程中，才能够渐渐地形成责任心，所以父母一定要给予孩子这样的机会，让孩子接受历练。

再次，不要动辄就批评孩子，而是应该多鼓励和认可孩

第五章　奠定人生的基石，让性格内向的孩子未来可期

子。很多父母一旦看到孩子犯错，就会感到很抓狂。他们不知道孩子为何做什么都不行，因此给孩子贴上愚蠢、无用等标签。这使得孩子的自尊心受到严重的伤害，也使得孩子对自己产生了怀疑，甚至放弃努力。很多内向的孩子都不喜欢为自己辩解，他们即使有了委屈也会深深地埋在心底，他们宁愿独自承受痛苦，埋怨自己无能，也不想得到父母更多的批评。对于内向的孩子，父母一定要本着多多鼓励和表扬的原则，让孩子相信他们是有能力的，让孩子相信他们随着不断的成长，各个方面的能力都会得以提升。

　　孩子只有拥有自信才能做好很多的事情，如果父母总是让孩子陷入悲观、沮丧之中，那么孩子就不可能做好每件事情。所以父母要改善对于孩子的态度，哪怕看到孩子犯错，也要积极地鼓励孩子，也要给予孩子最好的引导和帮助，而不要动辄就批评孩子，使得孩子信心受损。

　　最后，父母的信任最能激发孩子的责任心。法国大名鼎鼎的教育家斯宾塞曾经说过，"当孩子感受到自己被爱、被信任的时候，他们就能够创造奇迹"。所以在孩子成长的过程中，父母要慷慨地给予孩子赏识、尊重和信任，这样孩子才能够肯定自我，发展自我。很多父母总是否定孩子，甚至给孩子贴上负面标签，尤其是在孩子犯错误的时候，父母会无情地嘲笑、讽刺孩子，这会让孩子的自信心一落千丈。

　　还有一些孩子心中怀着童真的世界，他们在一些书籍或者是其他知识的启发下，会怀有不切实际的梦想。面对这些不切

实际的梦想，父母往往会肆意打击孩子，认为孩子是在白日做梦，痴人说梦。其实，放在现在的条件下，孩子的梦想也许是不能实现的，但是随着时代的发展，孩子说不定就能实现梦想呢！父母一定要对孩子的梦想表现出积极的态度，与其否定和打击孩子，不如支持和鼓励孩子，这样孩子才会为了梦想而不懈努力！

很多父母抱怨孩子不知道父母有多么爱他们，其实父母也不知道孩子有多么信任父母。对于性格内向的孩子来说，他们并不喜欢表达自己的所思所想所感。每当遭受了父母的打击或者是嘲讽的时候，他们的内心是非常痛苦的，但是因为他们很善于掩饰自己，所以父母对于他们的痛苦无知无觉。作为父母，应该主动调整好自己的心态，以合适的方式与孩子沟通，而不要对孩子说些肆无忌惮的话。即使觉得自家孩子不够优秀的时候，父母也不要把孩子与其他孩子进行横向比较，而是要看到孩子的进步。一旦发现孩子有所进步，父母就要积极地认可孩子，慷慨地赞美孩子。

很多父母都羡慕别人家的孩子非常自律，总是能够主动完成作业，总是能够做父母希望他们所做的事情，而且在各个方面的表现都非常好。父母为此而愤愤不平，不知道别人家的父母为何有这样的好运气，拥有这么听话的孩子，而自己作为父母却总是因为孩子生气，为孩子担忧，还要每时每刻都保持斗智斗勇的状态面对孩子。实际上，这样的亲子关系并不是由孩子决定的，而是因为父母对孩子缺乏信任导致的。一个自律的孩子一定有着宽松自由的成长环境，一个不够自律的孩子往往是因为父母对他们管教太严，所以他们已经形成了依赖性，总是要依赖父母的管教才能表现得更好。看到这一点，明智的父母是否知道自己应该怎么做呢？那就是信任孩子，对孩子放手，给孩子机会去管理好自己，这样孩子才能对自己负责。

第六章

发掘内向孩子的社交优势,性格内向的孩子也能成为社交达人

大多数父母在看到孩子性格内向的时候,除了担心孩子因为性格原因不能非常快乐和洒脱之外,还担心孩子因为内向的性格会很孤僻,不能结交朋友。对于孩子而言,同龄人的陪伴是非常重要的,是他们成长中不可取代的快乐源泉。所以父母希望孩子身边有更多的朋友,也希望孩子能够在社交方面占据优势。要想实现这个目的,父母就要发掘性格内向的孩子的社交优势。很多父母都觉得性格内向的孩子在社交方面一定处于劣势地位,其实,只要能够让性格内向的孩子发挥自身性格的优势,他们也可以处处受人欢迎,也能够成为社交达人。

内向孩子也有社交优势

和外向的孩子相比，内向孩子相对来说是比较孤独的，他们并不活泼，无法做到每一处都点燃每一处的热情。内向的孩子要想成为交际达人，显然比外向的孩子面临更多的困难，但是，这并不意味着内向的孩子注定孤独。很多父母对于内向的孩子都有误解，他们觉得内向的孩子注定是孤独的，身边缺少朋友的陪伴，这样的想法对于内向的孩子而言是完全错误的，父母先入为主的观点，甚至会影响孩子的社会交往。父母应该端正态度，意识到内向的孩子也能成为交际达人，也会拥有很多的朋友。要想实现这一点，父母就要认识性格内向的孩子的交际优势。

内向的孩子从表面看起来是比较保守的，也是比较封闭的，他们有些冷漠，但是他们的性格并不孤僻。有一些内向的孩子只是不喜欢主动与人搭讪而已，实际上，他们的心中对于真正的朋友是满怀热情的，因而父母既要发掘性格内向的孩子的性格优势，也要多多鼓励性格内向的孩子结交朋友。如果内向的孩子能够发挥自身的性格优势，那么他们结交的朋友甚至会比外向孩子结交的朋友更多，而且他们的朋友会更真诚，形成相互的信任。

在班级里，小丽的性格是非常内向的，她并不像很多女孩子一样身边有很多朋友,但是她的朋友都是非常真心的朋友。每个朋友都愿意把自己的真心话告诉小丽,不管是烦恼还是忧愁,不管是快乐还是幸福。因此小丽虽然朋友很少,但是她却感到快乐而又满足。

周一上午,小丽发现好朋友娜娜的眼圈红红的,她不知道娜娜发生了什么事情,趁着课间询问娜娜原因。娜娜对小丽说:"我的爸爸妈妈要离婚了,这件事情你可千万不要告诉别人呀!"小丽神色凝重地安慰娜娜:"娜娜,你还不相信我吗?你什么时候看到我把你的秘密泄露出去了呢?"娜娜想了想,觉得小丽是值得信任的人,就把爸爸妈妈之间发生的事情都告诉了小丽,还把自己的担忧和烦恼也告诉了小丽。小丽安抚娜娜说:"娜娜,没关系,即使爸爸妈妈离婚了,他们也依然会爱你的,而且我也会永远留在你的身边。"得到小丽的安慰,娜娜的心情终于好些了。

后来,娜娜的父母离婚了,小丽经常陪伴在娜娜的身边,但是她对于娜娜的秘密始终守口如瓶。班级里只有小丽知道娜娜的爸爸妈妈离婚了。每当有不开心的事情,娜娜都会告诉小丽,有了小丽的陪伴,娜娜熬过了爸爸妈妈刚刚离婚的那段日子,渐渐地变得快乐起来。

很多外向者一旦知道了某个人的秘密,往往倾向于把这个秘密告诉别人。相比之下,内向的孩子因为朋友比较少,但大多都是真心的朋友,所以他们更愿意为朋友保守秘密。又因为性格的原因,他们也不愿意去散播谣言。所以很多人都喜欢和内向的孩子结交朋友。此外，内向的孩子还非常谨慎，他们具有很强的自制力，处理问题的时候也很有耐心。他们因为在做事情之前会进行全面周到的思考，所以很清楚自己可以做哪些事情，不可以做哪些事情，是值得朋友信任的。在这个案例中，娜娜之所以信任小丽，正是因为小丽具有这样的性格优势。

如果孩子在与朋友交往的过程中能够发挥这样的性格优势，得到朋友们的信任，那么他们将会拥有更多的朋友。当然，作为性格内向的孩子的父母，在平日里就要多多观察内向的孩子。

如果发现内向的孩子非常理性，遇到事情的时候不容易冲动，能够进行深入的思考，那么就要引导孩子发挥这方面的优势。这样的性格特点使得内向的孩子不但值得信任和托付，而且在遇到紧急情况的时候，他们还能因为头脑冷静而想出有效的方法。

例如，很多外向的孩子都很容易情绪波动，而且很容易冲动。但是内向的孩子呢？他们虽然平日里看起来默默无闻，但是他们一直在冷静地思考，所以在关键时刻的时候，他们反而能够成为主心骨，给其他人出谋划策，也能快速地想出办法解决问题。

面对这样的孩子，在家庭生活中，父母应该给孩子更多的机会去发挥这样的优势，也要多多培养孩子的特质。唯有如此，孩子才有可能成为团队中的领头羊。对于孩子而言，这当然会让他们感到很有成就感！

总而言之，内向的孩子也有很多社交的优势，父母不要觉得内向的孩子注定没有朋友，也不要觉得内向的孩子一定会被他人疏远。只要内向的孩子能够发挥自身的性格优势，就能够处处受人欢迎，就能够成为社交达人。

以喜欢的方式与人交往

作为一名三年级的小学生，平平的性格非常内向。在家庭生活中，每当家里有客人到来的时候，平平只是在进门的时候红着脸和客人打一个招呼，吃饭的时候，他都不愿意和客人一起吃，而是让妈妈装一些饭菜，他独自躲在房间里吃。在和同学们交往的时候，他也不喜欢和很多同学交往，而只是和班级里少数的几个同学成为了真正的朋友。尤其是在人多的场合里，他恨不得躲在角落里不被人注意，遇到喧闹的场合，他最喜欢躲在角落中默默地观察其他人。如果可以选择的话，他是不愿意出现在这些场合里的。看到平平这么孤僻，妈妈非常担心，她总是害怕平平没有朋友，在学校里受到他人的排挤，但是平平可不这么想。

平平对于朋友的要求很高，他希望自己对朋友真诚坦率，也希望朋友对自己能够真诚坦率。所以虽然平平的朋友不多，但是他仅有的几个好朋友都是真心朋友。他们相互信任，相互帮助。在和朋友相处的过程中，平平的内心得到了满足。他和朋友之间非常真诚。虽然他们周末很少在一起玩，但是当其中某一个人遇到困难的时候，其他人都会马上伸出援手。他们就像一个团结紧密的小团队，彼此心意相通，很多时候不需要语言沟通，就能了解对方的心意。

显而易见，平平所喜欢的交往方式和外向的孩子是不同的。外向的孩子喜欢热闹，喜欢身边有更多的朋友，但是平平并不喜欢热闹，他更喜欢独处，喜欢自己能够专注地思考。所以他在结交朋友的时候并不注重朋友的数量，而更注重朋友的质量，他的朋友都是真心对待他的，在他遇到困难的时候，朋友们都会慷慨地对他伸出援手。对于平平而言，这当然是一种非常好的状态。

有些父母会强求内向的孩子必须和外向的孩子一样，交很多朋友，也要过着喧闹的生活。这对于内向的孩子而言是很难做到的。父母应该尊重内向的孩子交往朋友的方式，允许孩子以喜欢的方式与身边的人交往。这样一来，内向的孩子才能从朋友身上感受到交往的快乐，也得到朋友的支持。

和外向者的反应迅速相比，内向者的反应是相对比较慢的，而且他们的反应并不那么强烈。所以即便如此内向的孩子也渴望得到朋友的重视，也希望得到他人的瞩目，有的时候内向的孩子也会当众有一些外向的行为。例如，很多内向的孩子平日里沉默寡言，但是他们在人多的场合里却突然主动要求唱一首歌，主动讲一个笑话逗得大家哈哈大笑，这都表现出性格

第六章 发掘内向孩子的社交优势，性格内向的孩子也能成为社交达人

内向的孩子的心中燃烧着热情之火。父母要想引导内向的孩子更落落大方地与人交往，就应该了解性格内向的孩子的性格，从而因材施教，根据孩子的性格特点，有的放矢地锻炼孩子的社交能力。

有一些内向的孩子性格怯懦，他们在与人交往的时候，尤其是在面对陌生人的时候，往往会有害羞的表现。在这种情况下，父母不要强求孩子一定要与人交往，而是要给孩子一定的时间去接受他人的存在，从而也以自己喜欢的方式与他人搭讪，与他人之间建立关系。这样孩子才能更好地与人交往。有些父母看到孩子内向总是非常着急，他们甚至会推搡着孩子，让孩子凑到他人的面前。这对孩子而言是一件非常尴尬的事情。还有一些父母因为着急而口不择言地指责孩子太过内向，认为孩子很无能，这是对孩子自尊心的严重伤害。父母不管多么着急，都要尊重孩子。每个孩子都会有自己内心的需求，父母要让孩子主动地满足自己内心的需求，而不要强求孩子一定要怎么做。

内向的孩子往往不善于与很多人建立关系，那么父母就要创造机会，让孩子与某个特定的人交往。例如，孩子在人群中的某个人比较感兴趣，那么他们就会以自己喜欢的方式与对方搭讪，以一对一的方式和对方进行沟通和交流。在此过程中，父母不要打扰孩子，而是要为孩子营造有助于沟通的环境，也给孩子机会与某一个特定的人进行心灵的交流。如果意识到孩子在人际交往方面喜欢一对一，那么父母还应该鼓励孩子把喜

欢的小同伴邀请到家里来做客，给孩子独立的空间和时间与小伙伴沟通，这对于打开孩子的心扉，培养孩子人际交往的能力都是很有好处的。

有些父母本身是外向型的性格，非常喜欢热闹，那么面对内向性格的孩子，父母不要强求孩子和自己一样。很多父母都喜欢参加那些大型的宴会或者是聚会，也要求孩子跟他们一起参与。

大型的聚会往往要持续很长的时间，如果孩子不愿意去，父母却强求孩子一定要全程陪同，那么孩子的感受将会很糟糕。父母要考虑到孩子是否适合长时间地处于喧闹的环境中，是否会感到厌烦。如果孩子感到厌烦，那么父母可以把孩子安排在一个安静的角落里，让孩子看一看书，或者是与某一个特定的伙伴进行交流，还可以让孩子在儿童活动区玩耍。在保证孩子安全的情况下，让孩子独处，这样既能让孩子得到休息，也能让孩子感到自在，还不至于让孩子因此而排斥聚会，显然是一举数得的好方法。

每个人的脾气秉性都是不同的，每个人人际交往的方式也是不同的。孩子在与人交往的过程中一定会有自己喜欢的方式，父母要尊重孩子的方式，给予孩子选择的自由，切勿强求孩子表现得很主动。内向的孩子往往很难短期内变得外向，那么，父母要想让内向的孩子成为社交达人，在人际交往中游刃有余，就要允许孩子以他们喜欢的方式开展人际交往，这样才是长远之计。

第六章　发掘内向孩子的社交优势，性格内向的孩子也能成为社交达人

金无足赤，人无完人

在人际交往中，内向的孩子对于自己的要求比较高，他们要求自己要真诚、热情地对待他人。在不知不觉之间，他们就会把对于自己的要求转化成对待别人的要求，他们希望身边的人也能够和他们一样。这样推己及人的心态是可以理解的，但是在社会交往中，我们只能控制自己的言行，不能控制他人的言行，这也就使得内向的孩子在面对他人的时候，常常会有吹毛求疵的表现。

在人际交往中，很多内向的孩子因为对他人的要求很高，所以他们身边的朋友很少，这是因为他们以高标准、严要求筛选掉了一部分朋友。他们对自己不喜欢的人，很难调动热情与他们相处，而是会采取疏远的态度，甚至会排斥那些人，这使得他们的社交圈子非常窄。面对孩子这样的性格特点，父母要告诉孩子一个道理，即金无足赤，人无完人，从而引导孩子学会接受他人的缺点和不足。

在社会生活中，一个人不管处于哪个圈子，都不可能保证自己遇到的都是喜欢的人，这是因为在一个圈子里，每个人的思想、行为、观念、性格、作风都是不同的，因而根本不可能完全统一。如果孩子不能接受他人身上的各种特点，不能接受他人身上的某些缺点，那么自己就会陷入人际交往的烦恼之中。每个人都是世界上独立的生命个体，都有自己的个性。人与人之间要想和谐融洽的相处，就要学会相互欣赏，而不是试

135

图相互改变。这就像夫妻关系一样，在良好的夫妻关系之中，夫妻双方都应该心甘情愿地为对方做出改变，而不是强求对方为自己做出改变。

通常情况下，内向的孩子社交圈子比较窄，与社会的接触也比较少，所以他们对于是是非非会非常较真。尤其是面对他人的错误时，他们往往会揪着不放。当然，对于自己的错误，他们也会竭力避免。在这样的状态下，性格内向的孩子与他人的关系就会非常紧张，也会非常焦虑。如果想让性格内向的孩子建立更好的人际关系，父母就要引导内向的孩子放宽对于自己和他人的要求，从紧张到放松，这样才能更随意地与他人交往。也有些内向的孩子会有固执己见的特点，他们不能容忍他人伤害自己，也不能容忍他人犯错误，这会使得他们的身边出现一种情况——水至清则无鱼，人至察则无徒。由此可见，性格内向的孩子需要改变的不是外界或他人，而是自己的内心。内向的孩子需要改变对于自己的认知，需要让自己在人际相处的过程中懂得包容和理解，这样才能敞开心扉，接纳不同的人和事，也才能拥有更多的朋友，获得更多的快乐。

放学回到家里，小明高兴地告诉妈妈，周末他要和同桌小雨一起去看电影。听到小明的话，妈妈感到非常欣慰，说："你已经长大了，可以和同学去做一些事情了，当然，要在保证安全的前提下。我相信你跟小雨在一起一定能够保护好你们自己，也会进行一些健康有益的活动。"小明对妈妈说："当然，我和小雨可都是好孩子！"小明还让妈妈提前为他准备好一些零食，可以带去看电影，和小雨一起吃呢！看得出来，小明非常期待这次电影之约。

周六那天，小明早晨睡到很晚才起床，起床之后也没有当即洗漱，看起来不像是要出门的样子。妈妈感到非常纳闷，她问小明："小明，你不是要和小雨去看电影吗？怎么这么不着不急呢？"小明噘着嘴巴对妈妈说："我们的约会取消了！"妈妈更纳闷了，问："为什么？"小明说："因为我不喜欢要加入我们之中的小刚。"妈妈努力地思索着，说："小刚？是有一次你因为感冒没有去上学，特意来咱们家给你送书包送作业的那个同学吗？"小明点点头。

妈妈说："小刚很热情啊，你为什么不愿意让小刚加入你们呢？"小明说："小刚虽然为人热情，但是他说话特别夸张，他说的话都不能让人相信，因为他能把一分夸张成十分。所以，我一点儿都不喜欢小刚。"妈妈语重心长地对小明说："小明，每个人都有自己的特点，我们不可能要求所有人都和自己一样。我知道你很喜欢小雨，是因为你跟小雨性情相同，但是你也要学会接受跟你们不一样的人啊。这个世界上有那么多人，每个人都是不同的。如果我们只能接受跟自己相像或者相似的人，那么将来我们如何能够适应社会生活呢？将来有一天走出校园，走入社会，你所面临的环境将会更加复杂，所面临的人也会性格迥异。所以你要从现在就学会接受这些不同的人，更何况小刚对你可是充满善意的。"听了妈妈的话，小明陷入了沉思。良久，他对妈妈说："好吧，我们还有一个小时看电影，那我还是去吧！"说着，小明就赶紧洗漱，行动起来，准备了很多零食，想和小雨、小刚一起分享。

妈妈说的很对。在生活中，每个人都只能做好自己，而不能强求别人变成自己喜欢的样子。我们既然无法改变外界和他人，就应该调整自己的心态，让自己变得更加包容。如果我们总是因为不喜欢某一个人而采取逃避的态度，那么将来人生的道路就会越走越窄，甚至只能躲藏在家里固步自封，才能保证自己看到的一切都是自己喜欢的。内向的孩子应该渐渐改变自我封闭的心理状态，降低自己对他人的要求，从而接纳更多的人，与更多的人相处。

每个人都会有各种各样的缺点和不足，包括孩子自身，虽然他们对于自己的要求很高，但是他们一定也有缺点和不足。在日常生活中，父母要为孩子做好榜样，不要对他人吹毛求疵，否则就会给孩子带来负面影响。当父母心怀宽容，能够包容身边的人，孩子就会受到父母的积极影响，变得更加宽容大度。

除了要包容他人不同的性格特点之外，在人际相处中，人与人之间难免会发生一些矛盾和争执。当矛盾和争执发生的时候，父母要告诉孩子，忍一时风平浪静，退一步海阔天空。生活中的很多悲剧都是因为针锋相对地争执而导致的，如果孩子知道这些争执是毫无意义的，就不会与他人争执，那么孩子与他人之间的关系就会更加和谐融洽。

海纳百川，有容乃大，我们要接受他人有与我们不同的观点。如果每个人都很坚持自己的观点，我们不必过多地干涉他人，只须做好自己。如果其中有人是从谏如流的，能够积极主动地反思自己，能够思考他人的观念有哪些正确的地方、自己的观点有哪些不足的地方，从而起到一个融合的作用，那么人际关系就会更加和谐。总而言之，孩子要接受他人的不足，也要看到他人的优点，这样才能获得内心的平衡，也才能更友善地与他人相处，这对孩子的成长当然是大有好处的。

真诚待人，才能得到真诚相待

外向的孩子朋友遍天下，在和大多数朋友相处的时候，他们都会说一些无关紧要的玩笑话，在一起谈笑风生；内向的孩子所结交的朋友是很少的，在和朋友相处的时候，他们更是本着真诚坦率的原则，想跟朋友说一说心里话。虽然内向的孩子对于朋友有着这样的渴望和憧憬，但是并不意味着他的那些小伙伴们也想坦诚相见，那么内向的孩子要想结交到性情相投的朋友，要想与朋友之间说说心里话，就应该先敞开心扉。换而言之，内向的孩子要先向朋友表示尊重，表示真诚，只有以此为前提，朋友才有可能以同样的姿态对待内向的孩子，与内向的孩子坦诚相见，友好相处。

通常情况下，内向的孩子并不会打开自己的心扉。有的时候，他们明明被他人误解了，也不愿意费尽口舌去解释。这样一来，他们与朋友之间的关系就会变得非常微妙。有时候因为误会，友情还会蒙上阴影，使彼此之间的关系变得疏远。

沟通是人际交往的桥梁。在任何人之间，要想相互了解，要想建立友好的关系，都要以沟通为前提。在沟通的过程中，外向的孩子总是滔滔不绝，他们似乎有很多的话要说，他们说话所涵盖的范围也非常广，说起话来很有气势。和外向的孩子相比，内向的孩子则完全不同。他们非常沉默，只有在遇到信任的人时，他们才会言简意赅地表达自己的心声。他们并不喜欢滔滔不绝、口若悬河地说个没完没了，这会使他们觉得自己很啰嗦，也会使他们觉得自己占用了他人的时间，为此而感到非常羞愧。有的时候，等到外向的人表达完自己的心声之后，内向的孩子甚至还会敏感地反思自己：我是否在某些方面做得不好，我的表达是否会让对方产生误解。尤其是在人多的场合，外向的孩子往往会争先恐后地表达自己的观点，但是内向的孩子却恰恰相反，他们想躲在角落里不被他人注意，他们甚至不想发表言论。如果非要发表言论不可，那么他们希望自己能够整合语言，让表达更加精炼，也让观点更加鲜明。

这是内向的孩子与外向的孩子在人际沟通中很明显的不同。那么，内向的孩子如果想知道他人的心声，也想与他人成为真正的知己，又应该怎么做呢？对于内向的孩子来说，应该先敞开自己的心扉。很多人在与内向的孩子交往的时候都感觉很有压力，因为他们面对着沉默不语的对方，不知道对方在想什么，甚至误以为对方是十分冷漠的，这会让他们感到很尴尬，很难过，因而与对方产生距离感。在交往的过程中，内向的孩子如果能够占据主动，积极地向对方敞开心扉，诉说心声，那么他们与他人之间的关系就会进一大步。

很多内向的孩子之所以不敢真诚地面对他人，不敢向他人敞开心扉，是因为他们缺乏安全感。在童年成长的经历中，如果内向的孩子并没有得到父母良好的照顾，也没有得到父母感情的满足，他们就会因为缺乏安全感而变得更加孤僻。所以在家庭教育中，父母要多与孩子沟通。即使孩子非常内向，也要让孩子向父母敞开心扉，向父母进行倾诉，这样孩子才能学会信任他人，也才能主动地表达自己。

即使是内向的孩子，也是渴望得到友谊滋养的。他们从内心深处希望自己也可以跟更多的人结交朋友。对于内向的孩子来说，这也许会因为他们的自我闭塞变成一种奢望。但是只要他们采取主动的姿态，就很有可能实现。内向的孩子自我保护意识往往比较强，他们非常敏感，对于外界的人和事充满了警惕。但是从内心深处来说，他们盼着结交真诚的朋友，希望能够与一些人真心相对。父母一定要给予内向的孩子更多的关注，也要引导孩子形成正确的三观。尤其是在孩子遇到困境的时候，父母不要否定和打击孩子，而是要给予孩子更多的关注。只有在家庭生活中得到情感上的满足，孩子才能获得安全感，在社会生活中才能表现得更加积极主动。

人与人之间的很多情感都是相互的，不管是内向的孩子还是外向的孩子，都应该先对他人抛出橄榄枝，才能够得到他人积极的回应。要想得到他人的尊重，我们就要先尊重他人；要想得到他人的平等对待，我们就要先平等对待他人；要想听到他人的心里话，我们就要先对他人说出心里话。感情就像是一种声波，在遇到他人的时候就会回弹到我们的身上，我们付出了什么就将得到什么。当然，有的时候虽然付出什么未必能够得到回报，但是只有努力付出了，我们才会感到心安。如果在没有努力之前就轻而易举地放弃了，那么对于内向的孩子而言，他们的成长当然会受到限制。

没有孩子喜欢孤单

很多人都对于内向型性格的人有一些误解，觉得内向型性格的人并不需要朋友的陪伴，只喜欢独处。很多父母对于内向的孩子也会有这样的误解，他们看到孩子孤孤单单地一个人呆着，并不认为孩子需要人陪伴，反而觉得孩子怡然自乐呢！正是因为这种思想的误导，所以父母会对孩子采取忽视的态度，也会对孩子的内心不够关注。实际上，内向型性格的孩子虽然很容易陷入以自我为中心的思想之中，但是他们同样也希望自己能够与朋友快乐地相处。每当在与人相处的时候受到误解，或者是受了委屈的时候，内向型孩子更渴望得到父母的理解和关爱。所以父母不要觉得内向的孩子并不需要陪伴，不需要温暖，而是要更加关注性格内向的孩子的情绪变化，以爱来给孩

第六章 发掘内向孩子的社交优势，性格内向的孩子也能成为社交达人

子更多的滋养，帮助孩子树立信心。

内向型孩子生性敏感，他们的情感是非常脆弱的。遗憾的是，很多父母都不认可孩子的情绪和感受。有一些内向型的孩子因为一些小小的事情导致情绪波动，希望得到父母的安慰，但是父母却觉得孩子所经历的事情是不值一提的。在这样的情况下，孩子对于父母的依赖和信任就会被损害。他们原本是想从父母那里得到保护，得到重视，但是却非常失望。渐渐地，内向型孩子就会关闭心扉，不愿意再与父母沟通，也会因为感到自卑而远离人群。那么，当孩子在外面受了委屈时，父母一定要耐心地对待孩子，也要认真地倾听孩子诉说事情的经过。

在倾诉的过程中，孩子心中的不快就会渐渐消除。有一些孩子还会因为思想走极端而产生一些不正确的想法，那么在倾听的过程中，父母也可以了解孩子的思想动态，及时地帮助孩子打消这些不正确的想法。因此，对于内向型孩子的社交来说，父母在其中起到的作用是非常重要的，不但要满足孩子的情绪、情感的需求，也要及时纠正孩子跑偏的思想和行为，保证孩子健康快乐地成长。

周末，妈妈带着洋洋去儿童游乐场玩。洋洋八岁了，是一个聪明可爱的女孩，性格比较内向，很少与人发生冲突。到了游乐场之后，妈妈坐在游乐场的看护区里看手机，洋洋则坐在太空沙的桌子旁玩沙堡。玩着玩着，妈妈突然听到孩子的哭声，她抬头一看，发现洋洋正在和一个小姑娘厮打呢！妈妈大吃一惊，这个温柔娴静的小女孩从来连一只蚂蚁都不敢踩死，

怎么还和其他小朋友打起来了呢？妈妈赶紧冲过去把两个小朋友分开，看到洋洋哭得非常委屈，妈妈蹲下来温和地询问洋洋事情的经过。

原来，洋洋好不容易才堆出一个沙堡，却被这个小姑娘捣毁了。看到自己的作品被毁，洋洋的情绪非常激动。她质问小姑娘为什么要破坏她的沙堡，小姑娘却很不讲道理，对洋洋说："我就喜欢这么做！"洋洋更生气了，和小姑娘理论起来，因为没有大人在旁边，她们说着说着就打起来了。

听到洋洋诉说原委，妈妈对洋洋说："洋洋，小朋友把你的沙堡弄坏是不对的。不过，我们要通过讲道理的方式来解决问题。妈妈知道这个沙堡是你好不容易才堆起来的，也是你最喜欢的，对不对？"听到妈妈的话，洋洋的眼泪簌簌而下。她点了点头，妈妈说："不过，沙堡再重要，也没有小朋友的安全重要。你和小朋友厮打在一起，如果发生了安全问题，那么可是很糟糕的。沙堡坏了，我们还可以再堆。妈妈现在就陪你一起把沙堡堆起来，好不好？"听了妈妈的话，洋洋接连点头，她破涕为笑，高兴地和妈妈堆起了沙堡。

如果妈妈对洋洋的沙堡表现出不屑一顾的样子，那么洋洋和小朋友在打架之后，心理上还会受到妈妈的伤害。幸好妈妈很理解洋洋的想法，也知道洋洋把沙堡看得很重要，所以她先耐心地安抚洋洋的情绪，然后才和洋洋讲道理。

即使是内向的孩子，也渴望自己得到父母的陪伴和关注，他们并不喜欢总是形只影单，他们也希望自己身边有更多的朋

第六章 发掘内向孩子的社交优势，性格内向的孩子也能成为社交达人

友。性格内向的孩子因为表现得非常温和，所以会被其他的孩子欺负。当发生这样的情况时，父母要理解孩子的情绪感受，也要引导孩子以合理的方式解决问题。如果孩子在此过程中表现出想和其他小朋友一起玩的意愿，父母还可以抓住这个机会，带着孩子一起走入群体，让孩子体会和其他小朋友一起玩耍的快乐。

没有哪个孩子天生就喜欢孤单，即使是内向的孩子，也希望自己能够融入集体之中，也希望自己身边会有更多的朋友，和朋友一起分享更多美好的事物。这是内向的孩子真心想做的事情。父母在教会孩子正确处理矛盾的同时，也要引导孩子融入集体之中，感受与人相处的快乐。

古人云，独乐乐不如众乐乐。这句话告诉我们，一个人快乐地玩耍，不如和很多人一起快乐地玩耍。当我们与他人分享快乐的时候，快乐就会成倍增长；当我们与他人分享痛苦的时候，痛苦就会减半。父母要告诉孩子这个道理，让孩子能够适应集体生活，与人合作，愉快玩耍。

当孩子与其他小伙伴发生矛盾和纠纷的时候，父母切勿冲出去为孩子出头。在这个事例中，洋洋妈妈的做法就很好，她只是冲过去把两个孩子分开，让两个孩子不要继续厮打，然后就听听洋洋讲述事情的原委。在得知事情的原委之后，妈妈接纳了洋洋的情绪，但是她并没有帮助洋洋去处理小伙伴之间的矛盾。如果父母不在场，孩子是否有能力处理好这个矛盾呢？这对于父母而言并不是最重要的。父母要记住，最重要的不是

孩子是否吃亏，而是孩子要有能力与小伙伴相处。有些父母总是为孩子出头，看到孩子与他人发生矛盾，就会冲过去为孩子声张正义，这其实是很不理性的行为，也会对孩子造成恶劣的影响。

同龄的孩子们在一起玩很容易发生矛盾，这是难以避免的，除非把孩子关在家里，否则孩子只要跟小朋友在一起，就一定会发生矛盾。父母要学会接受孩子们玩耍和相处的状态，不要总是为孩子出气，否则孩子就会失去很多朋友。当孩子说出自己的委屈之后，父母可以适当地安抚孩子，也可以告诉孩子如何才能更好地解决问题，这对孩子来说才是真正有效的帮助。

为了避免内向的孩子更加孤僻，父母在日常生活中要引导孩子与小朋友相处。在家庭生活中，如果孩子表现出自私、懒惰、任性、霸道等特点，父母要有意识地帮助孩子改正。例如有一些父母会把家里好吃的东西都留给孩子吃，那么为何不和孩子一起分享呢？有些父母会满足孩子一切的需求和欲望，那么为什么不学会拒绝孩子呢？每个家庭成员都是平等的，孩子虽然小，需要得到父母的照顾，但并不能把父母当成他们的保姆。父母要有意识地引导孩子养成独立性，引导孩子做好自己该做的事情，也要有意识地引导孩子为他人着想，让孩子能够体谅他人的情绪和感受，这样才能避免使孩子养成自私自利的坏习惯，也才能让孩子形成集体意识、利他思想。当孩子具备这些特点之后，他们就更容易融入集体之中，与其他小朋友快乐地相处。

第七章

谁说性格内向的孩子不爱说话，只是没有找对方法

在大多数人的心目中，内向的孩子都不爱说话。父母可不要对孩子产生这样的误解，谁说内向的孩子不愿说话呢？只是因为没有找对方法而已。如果父母能够找对方法，把话说到孩子心里去，也打动孩子的心，那么孩子就会从兴致索然到兴致勃勃，他们会非常乐意表达自己。父母要致力于提升孩子语言表达的能力，这样孩子才能在人际交往中以沟通为桥梁，与他人之间做到心意相通。当然，说话的能力并不仅仅体现在语言沟通的能力上，也表现在孩子是否会倾听，是否能够运用面部表情和肢体动作来表情达意。总而言之，沟通要起到相应的效果，才是有效的沟通方式、当孩子从一个沉默寡言的孩子变得充满自信，勇于表达自己的时候，相信孩子在成长的道路上就会有大的飞跃。

鼓励孩子大胆表达

　　性格内向的孩子的自尊心都非常强，他们并不喜欢随意地吐露心声，而是喜欢把自己层层包裹起来。在人际沟通的过程中，因为对方的一言不慎，内向的孩子就有可能受到伤害，这使得他们更加封闭自己的内心，不愿意吐露自己真实的想法。沟通是人与人相处的桥梁，在沟通过程中，只有彼此坦诚相见，说出真心话，才能够了解对方的真实想法，也才能够让沟通的效果更好，让彼此的交往能够顺利地进行下去。那么，如果内向的孩子不愿意吐露心声，父母又该怎么做呢？

　　很多父母都抱怨孩子不愿意说真心话，自己与孩子之间就有了隔阂，并不能彼此了解，这使得父母在对孩子开展家庭教育的时候就像没头苍蝇一样，只能盲目地使用各种方法。如果孩子愿意向父母吐露心声，父母也能够把话说到孩子的心里去，那么父母就能对孩子因材施教，尊重孩子的个性，发挥孩子的长处，让孩子成为他自己想要成为的样子。所以，父母在和内向的孩子进行沟通的时候，不要太过于粗线条，而是应该预先考虑到孩子的心理承受能力，也要考虑到孩子在听了这些话之后会有怎样的情绪感受，这样才能激发起孩子沟通的兴致，让孩子主动地敞开心扉，把心里话都告诉父母。

　　具体来说，父母要学会察言观色。很多父母都希望孩子能

第七章 谁说性格内向的孩子不爱说话，只是没有找对方法

够主动地对自己吐露心声，实际上，对于内向的孩子而言，要想做到这一点并不容易。这是因为他们已经习惯于包裹自己，隐藏内心真实的想法，所以父母要想了解孩子真实的心理状态，就应该多多观察，才能够及时敏感地意识到孩子的情绪变化，从而抓住好时机对孩子开展教育。

对于人际沟通来说，并不只有语言这一种表达方式。例如面部表情、肢体动作等，都可以传情达意。所以父母除了要倾听孩子之外，还应该观察孩子的言行举止，观察孩子的情绪感受，这样才能在与孩子沟通的过程中抓住时机洞察孩子内心，也起到更好的沟通效果。

这天放学回到家里，倩倩和以往的状态截然不同。她平时一回到家里就会钻到房间里写作业，很少会和爸爸妈妈说话。但是这一天，她回到家里之后主动地洗水果给奶奶吃，还主动地帮助妈妈择菜。最重要的是，倩倩的嘴里还哼着歌呢！看到倩倩的心情这么好，妈妈也觉得很开心。妈妈想了想，发现最近并没有考试，那么，倩倩应该不是因为考试取得了好成绩才高兴的，难道是因为被老师表扬了吗？

正在这么想着的时候，倩倩问妈妈："妈妈，我还能干点什么呢？"妈妈借此机会问倩倩："倩倩，你今天有什么开心的事情啊？可以和妈妈分享吗？"倩倩俏皮地说："你猜啊！"妈妈想了想，说："你是不是当班干部了？这个学期刚刚开始，班级里一定都在竞选班干部吧！"倩倩抿着嘴笑了起来，使劲地点了点头。听到性格内向的倩倩居然当上了班干

部,妈妈高兴极了,当即真诚地祝贺倩倩,说:"倩倩,妈妈真心为你感到高兴。当班干部可不仅仅是为班级服务,还能够让你的能力得到锻炼呢!看来,我的倩倩真的长大了。那么,你当选了什么班干部呢?"倩倩对妈妈说:"我呀,从今以后负责班级的卫生。这是因为同学们都觉得我最爱干净,我的课桌也是最干净整洁的,我每次打扫卫生也打扫得比别人更干净。"妈妈由衷地对倩倩竖起大拇指:"的确如此,在家里,倩倩也是一个很爱干净的小朋友,不但帮妈妈干家务,还把自己的房间整理得井井有条,让妈妈少了很多家务活,真是妈妈的好帮手呀!"得到妈妈的表扬,倩倩更开心了。

每个孩子都渴望得到他人的认可和肯定,尤其渴望得到父母和老师的认可和肯定。当自己某些方面的表现被父母和老师看在眼里的时候,孩子的心情一定会非常好。在此过程中,他们的积极性也会大大提升。如果能够借此机会来给孩子以鼓励,对孩子提出期望,那么孩子就会更容易接受。而且孩子还会因为获得了小小的成就感,从而充满信心地去实现下一个目标。在这个案例中,倩倩并没有把自己开心的事告诉妈妈,但是妈妈通过察言观色,知道倩倩的心情很好,又抓住时机对倩倩展开询问,所以才了解了倩倩当选班干部这件事情。

父母养育孩子绝不是只满足孩子的日常生活需求就可以的,而是要多多地用心观察孩子的言行举止,也了解孩子的情绪变化。只有在加深对孩子了解的情况下,父母才能更有针对性地对孩子开展家庭教育,能够让孩子更全面地发展。

第七章 谁说性格内向的孩子不爱说话,只是没有找对方法

除了要引导孩子说话,对孩子察言观色之外,父母还要改变对待孩子错误的方式。有些父母总是要求孩子在每个方面都做到最好,一旦发现孩子犯了错误,父母的态度就会立刻转变,严厉地呵斥孩子。对于内向的孩子来说,他们本身就非常胆小,如果父母揪住他们的错误不放,严厉地批评他们,不但会让他们更加胆怯,也会伤害他们的自尊心。

父母要知道,孩子在成长的过程中必然要犯错,所以父母要接受孩子的错误,也要以正确的方式为孩子指出错误,并且引导孩子改正错误。父母要始终牢记,对孩子进行批评的根本原因不是为了打击孩子,而是为了让他们做得更好。孩子还小,他们的心智发育还不够成熟,也很缺乏人生经验,父母们不要站在成人的角度指责和评判孩子的行为,而是要和孩子站在同一个高度,尽量从孩子的立场和角度来看待问题,这样才能给予孩子更好的引导和帮助,也才能让孩子虚心地接受父母的教诲。

在家庭生活中,父母不要把孩子当成家庭生活的附属品,不管遇到什么事情都不愿意让孩子参与,也不给孩子机会去表达自己的想法。实际上,家庭生活中每个成员都是平等的。孩子虽然小,也是一名家庭成员,也有权利参与家庭事务的决断。在家庭生活中,父母要培养孩子独立思考的能力。当看到孩子有自己的思想和主见时,父母不要急于否定和打击孩子,而是要鼓励孩子勇敢地把他们的真实想法说出来。如果孩子说的有道理,父母要对此表示支持,而且可以积极地采纳孩子的

建议。如果孩子说的没有道理,那么父母要分析给孩子听,告诉孩子如何思考才能更全面周到地解决问题。总而言之,父母要发自内心地尊重和理解孩子,孩子才愿意在父母面前积极地表达自己。在家庭生活中切忌搞一言堂,父母也不要表现出高高在上的权威模样,而是要能够和孩子在一起平等相处,也要积极地倾听孩子的表达。尤其是当孩子的思维进入死胡同的时候,父母还可以鼓励孩子换一个角度来思考问题,培养孩子的发散性思维,这对于孩子的成长是非常有好处的。

内向的孩子的性格导致不爱说话,但是这并不意味着他们没有思考。实际上,和外向的孩子说话不假思索相比,内向的孩子即使没有说话,他们的思维也是非常活跃的。针对一个问题,他们会想到方方面面有可能出现的结果。父母只要给予孩子以启迪,也给孩子提供机会,孩子就会头头是道地把自己思考的结果说出来,还会让父母感到惊奇呢!

学会拒绝,勇敢说"不"

现实生活中,很多内向的孩子都不好意思拒绝他人。每当需要拒绝他人的时候,他们自己先感到难为情,不知道应该如何表达拒绝之意,总觉得拒绝别人就等于伤害了别人的颜面,就有可能伤害别人的感情,甚至还会因此而失去自己特别珍视的友谊。但是如果不拒绝他人,接受他人的不情之请,自己的

第七章　谁说性格内向的孩子不爱说话，只是没有找对方法

利益又会受到伤害，而且自己会非常为难。陷入这样进退两难的状态之中，内向的孩子内心往往很纠结，面对他人的请求，他们既不能当即答应，又不敢直接拒绝。遇到这种情况，父母应该如何帮助孩子呢？

和外向的孩子相比，很多内向的孩子都很优柔寡断，这是因为他们的性格决定的。在教育孩子的过程中，如果父母已经发现孩子出现了这样的情况，发现了孩子不好意思说"不"，那么父母就要有针对性地教会孩子一些拒绝的方式方法，也要告诉孩子必须学会拒绝，才能保护自己的权益，也才能更好地维持友谊。当孩子从内心能够接受拒绝他人这件事情，那么他们说"不"也就会显得相对容易一些。这个时候，再运用一些合适的技巧和方法，孩子在拒绝他人的时候就不会那么为难了。

萌萌是个性格内向的女孩儿，她平日里沉默寡言，性格温和，非常乖巧，做事情也特别可靠，考虑问题全面周到。但是萌萌也有一个缺点，那就是她很难下决断，尤其是在面对他人的请求时，她很难拒绝他人。即使在平日里，她也不擅长表达自己的想法。看到萌萌这样的性格特点，爸爸很担心萌萌因为不懂得拒绝他人而给自己增加烦恼，所以爸爸就有意识地培养萌萌拒绝他人的能力，也让萌萌学会辨别是非，自己做出选择。

周末，爸爸带着萌萌和妈妈一起去餐馆里吃饭。爸爸和妈妈各自点了一道自己喜欢吃的菜，接下来轮到轮萌萌点菜了。萌萌最不喜欢点菜，因为她看着菜单总觉得自己什么都想吃，什么也不想放弃。这个时候，爸爸对萌萌说："我们经常会来

吃饭，这次你可以点自己最喜欢吃的，下一次再点你也喜欢吃的，这样一来，你早晚会把自己喜欢吃的东西都吃到。"在爸爸启发之下，萌萌好不容易才下定决心点了一道黑椒牛排。

除了去饭店吃饭之外，去超市里采购，爸爸也会把购物的权利交给萌萌。在爸爸有意识的锻炼之下，萌萌的自我意识越来越强，面对选择的时候也越来越果断。有一天放学的时候，班级里一个同学请求萌萌帮他完成一篇作文。原来，这个同学得到了一个机会，要参加作文比赛。但是他认为自己的作文水平并没有萌萌高，所以希望萌萌能够帮帮他。听到同学的这个请求，萌萌陷入了纠结的状态：如果不帮助同学，那么就会被人指责为小气；如果帮了同学，萌萌的心里也很不平衡——既然老师把参加作文比赛的机会给了你，你就应该凭着实力取胜，为什么要让我帮你写作文呢？

回到家里，萌萌把这件事情告诉了爸爸，爸爸问萌萌："那么，你想怎么做呢？"萌萌说："我想拒绝他，但是我又怕他说我小气。而且万一老师知道了这件事情，觉得我不愿意为班级争光，会不会对我有看法呢？"爸爸对萌萌说："如果我是老师，希望你为班级争光，那么我就会推荐你参加作文比赛，所以你的考虑完全是多余的。你只要遵循自己的本心去做就好，没有必要因为别人而委屈自己。而且你做的是你该做的事情，并没有伤害到任何人的利益。"在爸爸的鼓励之下，次日，萌萌拒绝了那位同学。她说："老师肯定认为你的作文水平比我的作文水平更高，希望你能够为班级争夺荣誉。如果我

第七章 谁说性格内向的孩子不爱说话，只是没有找对方法

偷偷代替你写了这篇作文，导致作文比赛的成绩不好，那么我会非常内疚的。所以还是希望你自己来写这篇作文，参加比赛。"萌萌的话说得合情合理，那位同学虽然被拒绝了，却也不能对萌萌有意见。后来，这位同学的作文在比赛中落选了，萌萌真诚地对他说："你看，你参加作文比赛都落选了，如果当时我帮你写作文的话，可能结果会更糟糕呢。看来，我们还要继续加油努力啊！"就这样，萌萌圆满地拒绝了同学，此后再有类似的情况时，她也知道应该如何表达自己的心意了。

做人固然要热心助人，但是要坚持原则和底线，就像案例中的萌萌一样，老师安排了另外一位同学参加作文比赛，那么就意味着老师相信这位同学可以胜任，也希望这位同学能够获胜。如果萌萌偷偷地代替这位同学写作文，最终不管出现怎样的结果，可能都不会是最好的结果。

除了要鼓励孩子按照自己的心意去拒绝他人之外，父母还可以教会孩子一些拒绝的方法。很多孩子之所以不敢拒绝他人，就是因为怕伤害自己与他人之间的关系，也是因为怕他人对自己怀恨在心。在拒绝他人的时候，是有方法和技巧可言的。

首先，可以贬低自己，抬高他人。事例中，萌萌的做法就是贬低自己，抬高他人。她把自己的水平说得比较低，把他人的水平说得比较高，这样虽然拒绝了他人，却让他人因为得到了认可和肯定而沾沾自喜，也就不会再强人所难了。这样的拒绝既给了他人面子，又起到了拒绝的效果，是非常好的。

其次，要为他人指出其他的出路。通常情况下，他人之所

155

以对我们提出请求，是希望得到我们的帮助和助力。那么如果我们不能够给他人以帮助和助力，又该怎么办呢？在这种情况下，要为他人指明其他的出路，让他人去尝试其他的办法，这至少说明我们虽然帮助他人心有余而力不足，但却也在积极地为他人寻求解决问题的办法，从而使拒绝产生很好的效果，也可以让他人感受到我们的真诚和热情。需要注意的是，切勿对他人敷衍了事，给他人指出的出路应该是具有一定可行性和参考意义的，而不要随随便便就找出一个借口搪塞他人，这样会给人留下不真诚的印象。

再次，可以表明利害关系。对于帮助他人，如果我们的能力足够给他人带来良好的结果，那么当然可以尽力帮助他人。但是有的时候，我们即使拼尽全力，也未必能够做得很好，反而有可能因为取得了糟糕的结果而被他人埋怨。在这种情况下，我们如果愿意帮助他人，就要把有可能出现的糟糕结果告诉他人，这样他人在经过权衡之后，说不定就会主动放弃了。这岂不正是我们想要的结果吗？

最后，即使拒绝他人，也要保护他人的面子，也要尊重他人。很多人在拒绝他人的时候觉得自己高高在上，认为自己被他人求助了，觉得自己非常厉害，所以会在言谈举止之间流露出优越感。如果以高高在上的姿态拒绝他人，那么得罪他人就是必然的。我们即使拒绝他人，也要真诚友善，设身处地地为他人着想，并且把自己的困难告诉他人，让他人理解我们所做出的拒绝。这样才不会伤害人际关系，也不会损害人际感情。

第七章　谁说性格内向的孩子不爱说话，只是没有找对方法

不管以哪一种方式拒绝他人，前提都是我们要能够勇敢地拒绝。越是内向的孩子，越是非常敏感，而且会考虑得特别多，这使得他们无法当机立断地做出决定。为了帮助或者促使孩子做出决定，父母要让孩子学会权衡利弊，也要让孩子学会明辨是非，这样孩子才能理直气壮地拒绝他人，也才能合法合理地保护自己的权益。

有的时候，委曲求全要不得

很多内向的孩子都有逆来顺受的特点，就是因为他们在遇到问题的时候考虑的东西非常多，无形之中就会牵绊自己，使自己不能当机立断地做出决定。也有一些内向的孩子非常自卑，他们怀疑自己的能力，不知道自己能否圆满地做好很多事情，所以就会缺乏自信，即使遭遇不公也不敢据理力争，而是默默忍受。如果孩子在成长的过程中形成了这种逆来顺受的性格，那么有朝一日走上社会、走上工作的岗位，他们面对那些激烈的利益竞争时，就会处于被动状态。有一些人居心叵测，还会故意欺负这样的孩子。为了改变这样的状况，父母应该从小就给予孩子更好的引导和帮助，让孩子既能够谦逊有礼，也能够捍卫自己的权利。

要想让孩子学会为自己声辩，在遭遇不公的时候据理力争，拒绝委曲求全，那么在家庭生活中，父母就要给孩子辩解

的机会。很多父母在家庭生活中都摆出权威姿态，对孩子发号施令，即使误解了孩子，也不允许孩子辩解，目的就是为了让孩子听话。看起来这样管教孩子，父母会非常省力，但是如果孩子在家庭生活中养成了受委屈的习惯，即使之后走出家庭，他们也依然会这样被他人委屈和误解，而不知道如何保护自己。

按照规律来看，孩子小的时候并不懂得很多道理，也不知道如何捍卫自己的权利，所以他们应该随着不断成长越来越敢于坚持真理。但是在很多孩子身上都没有实现这一点，反而出现了与此相反的状态，即孩子越大越不能勇敢地辩解，越是不敢捍卫自己的权益，越是不敢坚持真理。孩子出现这样的改变，与父母的教育方式是密切相关的。很多父母都觉得孩子不应该和大人顶嘴，尤其是在孩子和他们争辩的时候，他们往往会粗暴无礼地打断孩子的话，甚至还会因此而惩罚孩子。如果孩子拥有外向的性格，那么受到这样的打击并不会对他们产生很大的改变。但是如果孩子拥有内向的性格，原本就非常自卑敏感，那么得到父母这样不公平的对待，孩子就会更加胆小怯懦。

要想培养出敢于据理力争的孩子，父母首先要改变教育的态度，要给予孩子争辩的机会和权利。明智的父母知道，孩子越是与父母争辩，越是说明他们有自己的思想和主见，孩子越是坚持自己想法，越是说明他们敢于捍卫自己的权利。所以父母应该积极地鼓励孩子在遭遇不公的时候为自己辩解，在被误解和委屈的时候说清楚自己的苦衷，这对于孩子的成长才是有益的。

第七章 谁说性格内向的孩子不爱说话，只是没有找对方法

首先，当孩子为自己辩解的时候，父母不要压制他们，而是应该耐心地倾听。孩子有权利为自己辩解，尤其是在觉得自己被误解的情况下，更有权利来表达自己的心声。对孩子这样的行为，父母应该耐心地倾听。对于他们列举出来的很多原因，父母可以和孩子一起分析这些原因是否是导致问题发生的根本因素。有些孩子是非常讲道理的，他们也很愿意和父母探讨这些道理。所谓理不辩不明，那么父母应该本着民主的原则，对孩子因势利导，让孩子针对具体的事情进行阐述。在这样的家庭氛围中，孩子才能够养成敢想敢说的好习惯。在此过程中，孩子既能够明白一些道理，又能够提升自己的语言表达能力，可谓一举两得。

其次，内向的孩子往往是非常敏感自卑的，他们看到父母会感到害怕。父母要为孩子营造民主和谐的家庭氛围，这样孩子在家庭生活中与父母产生分歧的时候，才能勇敢地表达自己的观点。环境对人的影响是非常大的，如果一个孩子从小就被父母压制，不能表达自己的观点和看法，那么他们渐渐地就只会接受。如果孩子从小就生活在民主和谐的家庭氛围中，不管说什么都能得到父母的鼓励和支持，那么他们就会越来越勇敢，他们会坚持自己认为正确的道理。由此可见，父母要想培养孩子的自主能力，应该先为孩子营造民主平等的家庭氛围。

此外，在很多家庭里，父母要求孩子犯了错误必须主动道歉和改正错误。但是当父母对孩子犯了错误的时候，父母却拒绝承认错误，这使孩子非常被动，也使孩子对父母产生恐惧。

父母如果知道自己做错了，就应该向孩子承认错误，也应该积极地向孩子道歉，这一则可以让孩子意识到每个人都会犯错，二则也可以让孩子形成捍卫自我权利的意识。

再次，当父母与孩子吵架，父母不要禁止孩子与自己争论。很多父母最喜欢对孩子说的话就是"闭嘴"，实际上这样的呵斥对孩子很不公平。孩子是社会的一员，他们在与其他人相处的时候，一定会有各种各样的矛盾。有些父母因为担心孩子与小朋友之间发生矛盾和争执，所以不让孩子出去和其他小朋友一起玩，甚至在孩子犯了小小的错误之后，就赶紧把孩子带回家里，让孩子独处。这对于孩子的心理发展和语言能力发展是极其不利的。

最后，孩子之所以与他人之间产生争辩，一定是因为与他人的意见有了分歧。父母可以针对分歧与孩子进行讨论，也可以借此机会提升孩子辨别是非的能力。人的本能就是趋利避害，孩子的本能也是如此。所以父母要根据孩子的本能对孩子加以引导，在此基础上再告诉孩子一些道理，并示范给孩子看应该怎么做。

现代社会信息的冲击力非常大，而且信息良莠不齐，孩子小时候并没有掌握很多的知识，也不懂得很多的道理，所以他们很有可能在成长的过程中受到负面信息的影响，形成错误的价值观念。父母应该始终关注孩子价值观念的形成，不但要提升和培养孩子的学习能力，而且要让孩子养成正确的价值观，从而在面对很多事情的时候都能够做出正确的判断和抉择。

第七章 谁说性格内向的孩子不爱说话，只是没有找对方法

也有很多孩子在考虑问题的时候会从自身的主观角度出发，而忽略他人的感受。对于孩子而言，这样的自私和任性显然不利于发展人际关系。那么，在培养孩子辨别是非能力的过程中，父母也可以引导孩子设身处地地为他人着想，考虑到他人的情绪和感受，这样孩子才能够渐渐地形成良好的思维模式。

总而言之，孩子可以因为心怀宽容而忍让他人，却不能因为不辨是非而让自己承受委屈。尤其是在遭到不公正的待遇时，孩子如果总是逆来顺受，渐渐地就会被他人所欺负。那么，父母一定要让孩子在忍辱负重与委曲求全之间做出明智的选择，也要让孩子学会维护自己的合理权益，更要鼓励孩子把心中的所思所想全都大声说出来。

非语言沟通的独特魅力

很多父母都心直口快，每当发现孩子犯了错误或者有做得不好的地方时，他们就会不假思索地为孩子指出来。对于外向的孩子，这样的心直口快当然是很好的，因为他们当即就和父母进行沟通。如果有意见和分歧，他们也可以当即和父母进行讨论。但是对于内向的孩子而言，父母这样直接地指出错误，很有可能会伤害孩子的自尊心，孩子也有可能对父母的话充耳不闻，甚至还会因此而被激发起逆反心理，故意与父母对着干。面对孩子这些不如人意的表现，父母往往会抱怨孩子不听

话，而丝毫没有想到孩子之所以做出这种行为，背后隐藏着怎样的心理原因。

孩子虽然小，也是非常爱面子的。对于同样的一件事情，如果爸爸妈妈能够以良好的方式与孩子沟通，孩子就会愿意听爸爸妈妈的话，也会积极地改正自己的不足。但是如果爸爸妈妈以简单粗暴的方式与孩子沟通，没有保护孩子的自尊，不顾及孩子的面子，那么非但不能起到预期的效果，还会让孩子更加叛逆。这就让家庭教育陷入了被动之中。所以父母在和孩子沟通之前一定要认真地考虑孩子的脾气秉性，也要选择最为合适的方式、方法和孩子沟通。父母切勿带着负面的情绪和孩子进行沟通，这样只会让很多原本简单的问题变得更加复杂和糟糕。父母必须让自己冷静下来，认真地琢磨自己如何才能把话说到孩子的心里去，如何才能以宽和的语言打开孩子心扉，让孩子对自己吐露心声。当父母把这些事情都做得很好的时候，那么亲子沟通的效果一定会很好。

除了使用语言与孩子沟通之外，还有很多其他的沟通方式。使用语言沟通有一个弊端，即如果当时的情绪比较激动，并不能组织好语言或者是语言不足以表达某种心情，那么会产生误解。除了语言沟通，父母可以使用非语言沟通的方式与孩子进行交流。非语言沟通就是利用面部表情、肢体动作等来对孩子表情达意。如果父母与孩子之间本身是非常默契的，那么这样的方式将会起到非常好的效果，让此时无声胜有声。

当然，非语言沟通除了面部表情与肢体动作之外，还可以采取一些新式的沟通方式。例如，利用书面语言与孩子进行沟通。现在网络上有很多社交工具，例如QQ、微信、微博、电子邮件等，这些方式都能够避开面对面的语言沟通而引起情绪暴躁、冲动的情况。在组织书面语言的过程中，父母和孩子也会进行反思，从而针对一个问题给出更好的解决方案，起到更好的沟通效果。

现代社会中，很多父母都会使用社交软件与合作伙伴、客户、同事等进行沟通，却唯独忘记了和孩子之间也可以用这些电子工具来进行沟通。如果能够使用更好的沟通方式，避免当面冲突，父母与孩子之间会建立一种更为平等的关系。

如果说面对面地沟通很容易情绪化，导致情绪冲动，做出过激的举动，那么利用电子产品进行沟通的时候，因为要把口头语言变成书面语言写出来，所以在此过程中一部分负面情绪就得到了消化，还可以避免冲突的产生。有的父母担心如果经常使用网络工具和孩子进行交流，那么孩子是不是就有了充足的理由经常上网，甚至染上网瘾呢？实际上，网络并不是洪水猛兽。我们无需害怕网络，只要能够正确地运用网络，那么网络就和很多现代化的工具，例如电视、电话、汽车等工具一样，会对我们的生活起到积极的作用，让我们的生活更加便捷。所以，父母最重要的是在于引导孩子要正确使用这些网络工具。

首先，不要禁止孩子使用网络，这样反而会让孩子对网络更加好奇。另外，还要控制孩子适度使用网络，让孩子能够形成自制力。这样网络就会成为孩子良好的沟通工具，而不影响孩子正常的学习和生活。

在使用肢体语言进行沟通的时候，父母要注意向孩子表达自己的爱与关注。很多父母对孩子使用肢体语言就是对孩子进行打骂，尤其是有些父母习惯了抬手就打孩子，对于孩子来说，这当然是非常糟糕的成长体验。曾经有心理学家经过研究证实，人与人之间的沟通之中，语言沟通只起到7%的作用，而非语言沟通则起到93%的作用。在非语言沟通之中，面部表情、形体姿态和手势等肢体语言所起到的作用高达55%。这就意味着肢体沟通是非常有效的一种方式，而且并不比语言沟通的效果差。

最容易做到的非语言沟通就是拥抱和亲吻孩子。很多父母在孩子小时候会经常亲吻和拥抱孩子，但是随着孩子渐渐成长，父母把对孩子的爱压抑下来，变成更为理性的方式，他们很少再拥抱和亲吻孩子，甚至很少亲昵地拍拍孩子的肩头。实际上，孩子在家庭生活中与父母之间相处和交往的模式，往往决定了他们将来走上社会与他人之间将会如何相处。所以父母不要忽略拥抱、亲吻、牵手等等这些亲子之间亲昵的举动，只要能够把这些举动运用得恰到好处，就能够起到良好的教育效果。

非语言沟通有着独特的魅力，不但能够表情达意，而且能够把身体的温度和内心的热情都向孩子传递出去。例如父母在和孩子握手的时候，父母的手心温暖而干燥，会让孩子感到内心很踏实；父母在给予孩子一个有力的拥抱的时候，会让孩子觉得自己是有后盾的；父母在拍拍孩子的肩膀时通过控制手的力度，会让孩子感受到父母对他们的尊重、理解和信任，让孩子油然而生一种"我长大了"的自豪感，这样他们对自己的要求也会更高。

总而言之，父母与孩子之间沟通的方式绝不仅仅只是语言表达那么简单。父母不要局限于语言表达这种方式，而是要以更多的方式与孩子之间展开交流。这样孩子才能更加勇敢，更加坚强。例如孩子想玩秋千，却因为秋千荡得很高而感到害怕，那么父母可以微笑着对孩子点点头，孩子就会受到鼓舞，就能够勇敢地坐到秋千上，随着秋千飘荡到高高的空中。再如，孩子在做作业的时候遇到了难题，却不知道应该如何回答。在这个时候，父母切勿皱着眉头看着孩子，而是应该给孩子一个鼓励的表情，让孩子能够积极地展开思考，试图回答问题。即使最终孩子失败了，他们也会感受到来自父母的力量。非语言沟通拥有独特的魅力，父母只有发挥非语言沟通的魅力，才能与孩子更好地互动。

懂幽默，为自己加分

人与人之间相处难免会有一些尴尬的情况出现，那么在尴尬的情况之中，如何才能够消除自己的尴尬呢？这就要求孩子要有很强的幽默感，能够用幽默来化解尴尬，从而使得人际沟通更加顺畅。现实生活中，总有一些人每天都一本正经的，偶尔说话的时候却常常逗得身边的人哈哈大笑，这是因为幽默让他们拥有了独特的能力，也让他们可以迅速拉近与他人之间的距离。显而易见，每个人都想成为这种独具魅力的人。作为内向的孩子，如果拥有这样的幽默能力，他们在社会交往方面就会更加顺利。

那么，幽默是什么呢？从心理学的角度来分析，幽默是一种防御机制，这种防御机制并不生硬，而是非常绝妙的，除了能够起到防御的作用之外，还能够让自己和他人都感到快乐。如果恰到好处地运用幽默，那么，当事人和身边的人都可以消除尴尬。面对着引人烦恼的事情，也会谈笑风生，感到很愉快。尤其是在面对一些紧张的关系时，还能够化干戈为玉帛，让彼此都放下曾经的不解和仇恨，从而做到和谐地相处。由此可见，幽默的作用真的非常大。但是幽默并不是一种与生俱来的能力，而是在后天成长的过程中渐渐形成的，所以父母要学会从小培养孩子的幽默能力，让孩子成为一个乐观幽默的人。

很多人会把幽默与开玩笑划上等号，实际上幽默是最高级别的智慧，而开玩笑却有可能很低俗，也有可能充满智慧。所以孩子要把幽默与开玩笑区分开来，要知道幽默是智慧的表现形式。一个人要想随心所欲地展示出自己幽默的魅力，就需要以深厚的学识和丰富的阅历作为支撑。对于内向的孩子来说，他们人际交往的圈子原本就很小，又因为接触社会生活很少，这显然是有难度的，这就更要求父母要早早地开始培养孩

第七章 谁说性格内向的孩子不爱说话，只是没有找对方法

子的幽默细胞，也要给孩子做出很好的示范作用，这样孩子才能越来越幽默。

具体来说，父母如何培养孩子幽默的能力呢？可以让孩子阅读一些幽默的故事，或者是一些比较高雅的笑话。很多孩子天生就缺少幽默的细胞，那么在后天的成长过程中，父母应该培养孩子幽默的谈吐，让孩子学习渊博的知识。除了阅读那些幽默的书籍之外，还可以让孩子看一些喜剧的小品表演、相声段子等，这些都能够培养孩子的幽默细胞，激发孩子的幽默潜能。

在与他人相处的过程中，孩子不知道自己将会面对怎样的情况，面对着随时都有可能出现的意外，孩子们要想做到灵活应对，游刃有余，就必须扩大知识面。要想拥有幽默的智慧，除了要有灵活的头脑之外，还要丰富自己的人生阅历，掌握更多知识。孩子要从小养成阅读的好习惯，读更多的书，接触更多的人，也了解更多的人世间的悲欢离合，这样才能拥有智慧，并且将其转化为幽默的能力。

在家庭生活中，很多父母每天晚上回到家里，做完家务让孩子洗漱，之后他们就会沉迷于电视剧，或者是沉迷于网络游戏。对于父母而言，浪费如此宝贵的时间用于休闲和娱乐并不是一个好的选择。如果父母想培养孩子幽默的能力，那么可以借助于晚上的时间和孩子一起欣赏那些幽默的影视剧等。在此过程中，父母还可以和孩子展开探讨，这对于培养孩子幽默能力显然可以起到事半功倍的效果。有一些比较经典的幽默影视剧，给很多观众都带来了欢声笑语，如《我爱我家》《武林外传》等都是

充满幽默的，也会让人在哈哈大笑的同时幡然顿悟。

当然，提升幽默的能力并不是一件简单容易的事情。要想对他人发挥幽默的能力，孩子们要在深思熟虑之后再说话。所谓祸从口出，越是不假思索地说话，越是会容易给自己招惹来麻烦。如果能够让自己沉默五秒钟再说自己想说的话，那么就可以更好地组织语言，也才能够起到更强烈的幽默效果。

通常情况下，自嘲和夸张是两种非常有效的幽默方式，尤其是对于性格内向的孩子来说，这两种方式都是非常适用的。所谓自嘲，就是幽自己一默，把自己作为嘲讽的对象来嘲笑自己，这样就可以让自己摆脱尴尬，身边的人也就不好意思再针对自己的失误来嘲笑自己了。此外，还要学会夸张。夸张的说法就是把现实说得夸大其词，这样才能给他人留下深刻的印象。当然，夸张并不是要扭曲事实，而只是为了起到表达的效果才采用夸张的方式，所以孩子要把握好这两者之间的度。如果因为夸张让他人产生了误解，那么就会事与愿违。

内向的孩子尽管不善言辞，但是如果能一开口就给大家带来欢声笑语，那么大家对内向的孩子一定会留下良好的印象，而内向的孩子也能够借此机会结交更多的朋友。所以父母不仅要重视孩子的学习和成长，也要注重培养孩子的幽默能力。

# 第八章

树立自信，让先天不足的主动性爆棚

内向的孩子因为缺乏自信，在做很多事情的时候都有很强的惰性，这是因为他们认为自己在很多方面都表现不佳，也不具备超强的能力，所以才会怀疑自己。如果想让孩子具备超强的行动力，弥补孩子先天不足的主动性，那么父母就要帮助孩子树立自信。尤其是对于内向的孩子而言，只有自信才能让他们扬起人生的风帆，才能让他们勇往直前。内向的孩子都有非常优秀的特质，这些特质可以帮助他们获得成功，但是与此同时，他们也会受到性格的负面影响，因此限制他们的行为。在这种情况下，父母要帮助孩子扬长避短，取长补短，从而增强孩子的行动力，让孩子主动性提升。

小小的成功，感受自己的能力

很多内向的孩子都缺乏自信，这是因为他们从来不知道自己的能力到底有多么强。在家庭生活中，有一些父母将孩子照顾得无微不至，代替孩子去做了所有的事情，结果孩子长大之后不知道自己到底能干些什么。在这样的状态下，一旦离开父母的照顾，他们就感到无所适从，自然会感到自卑。实际上，孩子虽然小，但是孩子的能力是随着成长不断增强的。例如，孩子在九个月前后可以学会独立行走，在一岁半前后就能够胡乱涂鸦了，到了三岁左右，孩子就可以流利地表达自己的内心了。如果父母总是对于孩子能力的发展采取熟视无睹的态度，或者采取压制的做法，到了孩子该走路的时候，舍不得让孩子走路，到了孩子该拿起铅笔来涂鸦的时候，又不让孩子涂鸦，到了孩子能够流利说话的时候，却很少与孩子沟通，到了可以独立吃饭、穿衣服的时候，却依然事无巨细地代替孩子去做，那么孩子的能力发展就会受到限制。这不但会使孩子各个方面的能力发展滞后，而且会让孩子对自己形成错误的认知。他们会觉得自己能力有限，不管做什么事情都不能取得良好的结果，因而判定自己的能力有所欠缺。在此过程中，他们不会获得成就感，自然会感到越来越自卑，甚至在遇到一些挑战的时候，也会畏缩胆怯，迟迟不敢展开行动。

第八章　树立自信，让先天不足的主动性爆棚

对于父母来说，一定要及时地放手。对于新生命来说，父母无论怎么照顾都是不为过的。但是随着成长，孩子各方面的能力都在增强，如果在这种情况下，父母依然对孩子亦步亦趋，保护得非常严密，不愿意让孩子做任何的事情，那么孩子的成长就会受到限制。举个简单的例子来说，孩子在九个月前后就会试图独立行走，那么父母要抓住这个机会对孩子进行引导，也给孩子提供机会，让孩子尝试着独立走路，这样孩子才会顺利地学会走路。但是如果父母总是把孩子抱在怀里，把孩子放在小推车里，那么孩子即使长到三岁，也不能走得更好。所以父母一定要及时地对孩子放手，才能让孩子获得成长。

有一些父母从小到大都把孩子照顾得非常好，等到孩子长大成人之后，父母依然心甘情愿地被孩子啃老。而等到有一天父母老去，离开了人世，只剩下一个巨婴留在这个世界上的时候，这个巨婴就会感到生活无趣，也会觉得自己脆弱得不堪一击。他们不能照顾好自己，因此只能够选择结束生命，这是家庭教育导致的悲剧。

只要孩子在身体上没有缺陷，那么到了该自立的年纪，父母就要及时对孩子放手，让孩子尝试着去做各种各样的事情，让孩子感受到自己的能力。在此过程中，哪怕孩子遭遇了失败也没有关系，因为失败也比什么都不做要更好。如果一个孩子已经长大成人，还是不能独立生活，那么就是一个悲剧。这样的悲剧不是孩子天生的能力缺陷导致的，而是因为父母错误的教育方式，让孩子无法面对现实的生活。这样的父母虽然给了

171

孩子生命，也给了孩子无忧无虑的几十年成长，但是最终却以这样溺爱的方式剥夺了孩子生存的权利。如果父母能够预期到这样的后果，还会对孩子如此娇纵宠溺吗?

每一个父母都要认识到一点，那就是孩子并不是与生俱来就会做每一件事情。孩子在呱呱坠地的时候各方面的能力都很弱，必须依靠父母的照顾才能生存下来。随着年龄的自然增长，孩子各方面的能力都会得以提升。如果父母能够随着孩子的成长，有意识地培养和锻炼孩子各方面的能力，那么孩子在成长的关键期就会获得很大的进步，孩子也会从什么都不会做到学会做更多的事情，从而自理能力越来越强。对于孩子而言，动手做事是他们认知世界的有效方式之一，如果父母不给孩子动手做事的机会，那么孩子与世界之间就会产生很大的隔阂。他们仿佛游离于世界之外，寄生在父母的人生之中。有一些孩子在父母的督促之下的确在学习上有很好的表现，也取得了很高的分数，但是他们与这个社会却格格不入。他们不能深入认识社会，对于人生也从来没有进行过深刻的思考，甚至对于自己的能力也不能做出正确的评估。在这样的状态下，孩子的自信心当然会越来越弱，甚至陷入自卑之中。

具体来说，父母在培养孩子能力、让孩子认知自身能力的过程中，要做到以下几点。首先，父母要正确地评价孩子。很多父母一旦看到孩子的表现不能让自己满意，就会批评或否定孩子，甚至会给孩子贴上负面标签。父母很少会反思自己的家庭教育是否正确有效，而只会认为孩子之所以表现不好，是因为孩子天赋不足或者是孩子没有认真努力。父母要知道，孩子的自我评价能力还没有形成，他们往往会把父母对他们的评价作为自我评价。如果在这个阶段里，父母不负责任地对孩子做出负面评价，就会让孩子对自己产生错误的认知，也会让孩子对自己失去信心。所以不管孩子的表现如何，父母都要以积极的态度评价孩子，都要给予孩子正向的引导，这样孩子才能快乐地成长，获得进步。

其次，在家庭生活中，除了要给孩子提供做事情的机会之外，还应该让孩子积极地参与家庭讨论和决策。孩子是家庭的一员，而且是家庭中非常重要的一员，父母不要觉得孩子小，就在做出很多家庭决策的时候把孩子排除在外。的确，孩子在刚开始参与家庭讨论的时候，并不能给出父母有分量或者有价值的参考意见，但是他们总是要不断练习，不断思考，不断成长，才能给出更有分量的参考意见。作为父母，可以积极地询问孩子真实的想法，即使孩子的想法不够成熟也没有关系，只要发现孩子的想法中有可行的意见就行。如果孩子的想法不切实际，那么父母要为孩子指出想法中不足的部分，这样孩子才能积极地改进自己的观点，让自己在未来考虑问题的时候更加全面细致。

再次，父母或者孩子遭遇失败的时候，不要因为爱面子就对这个问题避之不提，而是要坦然面对。正如人们常说的，失败乃成功之母，借助失败的机会，我们才能汲取经验，吸取教训。在必要的时候，还可以让孩子把事情的经过记录下来，这样孩子就能更清楚地了解自己的能力，知道自己在哪些方面是擅长的，在哪些方面是不足的。

最后，在家庭生活中，家庭成员之间难免会发生各种分歧，也会产生各种矛盾。作为父母，如果与孩子之间发生了矛盾和分歧，那么可以相互讨论，协商解决。如果父母之间发生了矛盾，却不知道如何解决，那么可以让孩子充当裁判官，这会让孩子非常重视自己，认为自己的话是特别有分量的，这样他们在作出裁判之前会更加慎重地思考。看到自己能够成为爸爸妈妈矛盾的协调者，孩子也会获得很大的成就感，而成就感恰恰能够激发孩子成长的内部驱动力，让孩子从被动到主动地去做一些事情，从被父母提出要求到主动地要求自己必须超越自己，做得更好。这是孩子在成长过程中很大的进步。

总而言之，孩子的能力需要得到全面的发展。孩子能力发展的表现体现在方方面面，作为父母，要在生活中看到孩子各方面能力的进步，也要看到孩子在各个方面的成长，既要给予孩子及时的肯定，增强孩子的信心，也要在孩子做得不足时给孩子一些提醒和督促，这样孩子才会成长得更加快乐，更加充实。

父亲用心养育，孩子更多助力

古人云，养不教父之过，这充分说明在教养孩子过程中，父亲所肩负着的重要责任。作为父亲，如果在教育孩子的问题上犯了错误，那么孩子的一生都会受到影响。作为父亲，如果缺席孩子的教育，那么孩子的成长就会缺钙。遗憾的是，现实生活中有很多父亲在教育孩子方面都频繁地犯错误，最普遍的错误就是大多数父亲都认为自己只需要负责挣钱养家就行。所以他们每天都在外面辛苦努力地工作，挣回的钱自己舍不得花，都供给孩子吃喝拉撒，供给孩子读书上学。他们自认为是合格且优秀的父亲，实际上，对于孩子的成长而言，父亲的作用可远远不止提供金钱的支持而已。如果孩子在成长过程中缺少父亲的陪伴，缺少父爱的滋养，那么他们的成长过程中就会留下很多遗憾，他们的人生也会因此受到负面的影响。

　　一直以来，在很多家庭里，都遵循着男主外、女主内的原则分工协作。爸爸主要在外挣钱养家，妈妈虽然也和爸爸一样要工作，但是妈妈还更多地肩负起操持家务、教育孩子的重任。而爸爸呢？往往只顾着工作。这使得孩子在成长过程中受到了女性的影响，也有一些孩子因为在家里由妈妈和奶奶或者妈妈和姥姥带养长大，到进入幼儿园、小学阶段之后，又因为幼儿园和小学里大多数都是女老师，所以虽然身为男性却有着阴柔的气质。这都是因为他们在成长过程中没有受到男性的阳刚之气的熏陶。作为父母，在家庭教育中应该统一认知，认识到作为父亲，既要尽到抚养孩子成长的责任，也要尽到陪伴孩子长大的责任，这样才能让孩子在成长的过程中得到父爱的滋养，也让孩子具有阳刚之气。有一些父母也许会认为，只有男孩子在成长过程中才需要父亲的陪伴，这种观点也是错误的。

175

对于女孩子来说，如果能够得到父亲的陪伴，感受到父亲的力量，她们就会更有安全感。

世界卫生组织曾经针对很多家庭进行了一项调查，调查的结果显示，如果父亲更多地陪伴儿女成长，那么儿女的智商就会更高，儿子会更具有男子汉的气概，女儿会更具有安全感，也懂得如何与异性交往。反之，如果父亲缺席了孩子的成长，使得孩子在成长过程中没有感受到父爱，也没有得到父亲的保护，那么孩子就会出现焦虑、孤独、任性、自制力差等表现。这些表现都使孩子在行为上出现缺陷，实际上，这些表现都是因为孩子们在成长过程中缺乏父爱而患上了缺乏父爱综合征。

现代社会中，很多孩子因为缺乏自制力出现网络游戏成瘾，他们甚至为了玩网络游戏而凶残地杀人。北京军区总医院的陶然主任针对于青少年网络成瘾的现象进行了调查，发现在网络成瘾的孩子之中，至少有90%以上的孩子都是因为缺乏父亲的关爱，所以才会沉迷于网络的。这些孩子所描述的生活是很残酷的，那就是孩子们虽然和父亲生活在一起，但是每天晚上他们都已经睡着了，父亲才会回家，每天早晨他们起床上学的时候，虽然很想和父亲说两句话，但是父亲却在呼呼大睡。这使得孩子虽然与父亲生活在同一个屋檐下，但是与父亲产生交集的机会却很少，很难与父亲有沟通。在家庭生活中，很多孩子都会以父亲为偶像，也正是因为感受到父亲的爱和带给他们的安全感，他们才能够形成信心。可想而知，如果孩子缺乏父爱，他们的成长不但会缺钙，还会缺乏信心，也会陷入自卑

第八章 树立自信，让先天不足的主动性爆棚

的状态之中。这都会使孩子的人格发展受到负面的影响。

每一个父母都希望孩子能够拥有幸福快乐的一生，然而，孩子要想拥有幸福，就要拥有健全的人格。对于孩子而言，健全的人格是他们人生的根基，所以当发现孩子在人格上不够健全，心理上出现扭曲的时候，父亲一定要反思自己在家庭教育中的失职。对于父亲来说，挣钱养家固然重要，那么，挣钱养家的目的又是什么呢？是希望给孩子提供更好的物质条件，是希望孩子能够健康快乐地成长，所以父亲切勿本末倒置，把自己所有的时间和精力都用于工作，而不去陪伴孩子，更不去与孩子做出亲密的举动，更没有在行为举止上给孩子树立积极的榜样。这样的父亲即使挣再多的钱给孩子，也没有对孩子尽到养育的义务。父亲只有用心养育孩子，孩子才能在成长的过程中得到更多的助力，也才能更加茁壮健康地成长。

具体来说，父亲要做到以下几点，才算是用心地养育孩子。首先，陪伴是最长情的告白。作为父亲，不管工作多么忙，也要抽出时间来陪伴孩子，和孩子一起玩耍，和孩子一起成长。很多内向的孩子之所以胆小怯懦，是因为他们没有得到父亲的保护。在大多数孩子心目中，父亲都是他们成长的守护神，尤其是当在夜幕降临或者遇到危险的时候，有父亲在身边陪伴的孩子往往能够非常安稳地入睡。孩子如果知道父亲不在家，没有在自己的身边保护自己，就会因为惊恐而从睡梦中醒来，也会因此而接连地做噩梦。在孩子小的时候，父亲不要吝啬在孩子身上花费更多的时间。在孩子小时候，父亲要舍得用

爱来浇灌孩子的心灵，这样孩子在成长成人之后才会拥有强大的内心。

从另一个角度来说，很多女性负责养大的孩子在行为上都会有胆怯的表现，这是因为作为女性会更看重孩子的安全问题，当孩子因为好奇而想做出一些挑战行为的时候，女性往往会阻止孩子去做。那么，日久天长，孩子就会形成胆怯的性格特点。如果父亲能够代替女性陪伴在孩子的身边，当着孩子的面做出勇敢的举动，也给予孩子以强大的推动力，让孩子挑战自己，那么不管是男孩还是女孩，他们都会感受到父亲的力量，感受到父亲的影响力，受到正向的引导，因为他们都发自内心地想要以父亲为榜样。

曾经有婚姻学家针对女孩们与父亲的相处进行研究，分析女孩们成长之后的婚姻状态，最终发现那些在成长过程中得到父亲陪伴和关爱的女孩，在与伴侣相处的过程中，能够与伴侣建立更好的关系。这是因为从弗洛伊德的精神分析理论来看，子女对于父亲是更加信任的，这种信任超过了他们对于母亲的依赖，由此可见，在家庭教育中，父亲是不可缺席的，因为父亲会对孩子的成长起到重要而且持久的作用力。

其次，在与孩子相处的过程中，父亲对待孩子的方式不像母亲那么细腻，父亲往往是非常粗线条的。但是父亲不管本身的性格是怎样的，在与性格内向的孩子交往的过程中，都要关注到孩子内心的敏感细腻，也要考虑到孩子的情感是相对脆弱的。尤其是在对孩子进行批评和教育的时候，要注重保护孩子的自尊心。有些父亲考虑问题非常简单，做事情也特别直接，他们会当众指出孩子的错误，也会对孩子进行严厉的批评，这会让孩子觉得自己的自尊心受到了伤害，也会觉得自己毫无面子，因而会与父亲疏远。

从另一个角度来说，父亲如果对孩子进行严厉批评，非但不能督促孩子改正缺点和不足，还有可能让孩子的缺点和不足更加固化。所以对于内向的孩子，父亲要尽量收敛自己的脾气，要尽量平和地对待孩子，也要以委婉的方式为孩子指出错误。尤其是在孩子情绪激动的时候，父亲切勿对孩子表现出非常厌烦的情绪，而是耐心地等待孩子发泄他的负面情绪，等到孩子情绪渐渐恢复平静之后，父亲再与孩子针对这个问题进行理性的沟通，这显然是更加合理的。父亲切勿呵斥孩子"不许哭泣"或者"不许辩解"，否则孩子就会向父亲关闭心扉。

最后，父亲应该保持着一颗赤子之心，与孩子进行沟通和交流，要理解孩子的很多行为和做法。很多内向的孩子都脾气执拗，如果打定了主意想要做某件事情，他们就会坚持自己的想法，而不会轻易改变。所以父亲要想打开孩子的心扉，就要怀着一颗赤子之心，就要能够站在孩子的角度上思考和看待问题，尤其是要体验孩子的情绪和感受，这样父亲才能把话说到孩子的心坎上，打动孩子的心。有的时候，父亲与孩子之间也会有一定的默契，即使不用语言交流，而只是给予孩子一个拥抱，或者是以恰到好处的力度拍拍孩子的肩头，就能让孩子更加信任父亲。

孩子从婴儿期开始，不仅要得到父母的照顾才能健康地成长，还要得到父母在精神和情感上的滋养，才能让自己的内心变得越来越强大。一个孱弱的生命变成一个强大的人要经历漫长的过程，在此过程中，父亲要始终对孩子怀有耐心，也要始终用心地陪伴在孩子的身边，对孩子进行言传身教，这样孩子才会获得成长的助力。

可以被打倒，不能被打败

在海明威的代表作《老人与海》中，桑迪亚哥老人在与大鱼和鲨鱼接连搏斗之后说出了一句话，他说："一个人可以被打倒，但是不能被打败。"正是因为有这样的精神作为支撑，所以他始终坚持不懈地与大鱼和鲨鱼搏斗，最终把大鱼的骨架带回了岸边。不得不说，桑迪亚哥老人的精神绽放着灿烂的光芒，也给很多读者带来了内心的撼动。

内向的孩子心理上非常脆弱，他们承受失败和挫折打击的能力很差。一旦遭受挫折和失败的打击，他们就会变得非常颓废沮丧，这是因为他们原本就内向而又敏感，还会有自卑的倾向。举个简单的例子来说，在学校里，如果犯了同样的错误，那么外向的孩子在被老师批评之后，很可能一转眼就忘记了批评，马上又和同学们开开心心地玩了起来，看到老师也丝毫不觉得害羞。但是性格内向的孩子的表现则不同。在接连几天的时间里，他都会因为自己被老师批评而感到尴尬，在看到老师的时候会情不自禁地低头，在面对同学的时候也会担心同学嘲笑他。所以他们不敢正面看向同学和老师，心情特别压抑。由此可见，同样的一件事在外向孩子的心中并不会引起太大的波澜，而内向的孩子则会因此而承受很大的痛苦。这就决定了父母在对待内向的孩子时要讲究方式方法，尤其是当发现孩子遭受失败或者挫折，并且因此而承受痛苦的时候，父母更是要谨慎地选择合适的方法去对待孩子。孩子很有可能因为这一次挫折就导致心理上受到巨大的创伤，甚至由此而陷入自卑之中无法自拔。

人生不如意十之八九，不管是内向的孩子还是外向的孩子，都应该拥有强大的内心。每个人可以改变的只有自己，而不能够随意地改变客观存在的人和事情。所以在面对不如意的生活境遇时，强大的孩子能够调整自己的心态，坦然地接受一切，而内心脆弱的孩子则只会怨声载道，甚至把自己完全封闭起来，这也决定了他们未来所拥有的人生是不同的。

对于父母来说，不要强求孩子一定要获得成功。内向敏感的孩子原本就把成败得失看得非常重，那么父母就要有意识地忽略这些结果，从而让孩子以更坦然的态度面对努力的结果。父母要无条件地爱孩子，不要让孩子觉得父母因为他们非常优秀才会爱他们，而一旦他们表现得不好，父母对他们的爱就会大打折扣。这显然会让孩子的内心不安。孩子的安全感一定来自于父母，只有父母无条件地爱孩子，接纳孩子，孩子才会认为这个世界是安全的。在人生中经历风雨坎坷和泥泞的时候，孩子才能够怀着平静从容的心态面对。

具体来说，父母如何培养孩子强大的内心，让孩子坦然的面对失败呢？首先，父母在孩子失意的时候，要给予孩子及时的安慰。所谓爱孩子就是为孩子着想，很多父母偏偏都从自身的角度出发，希望孩子达到自己的要求，满足自己的期望。实际上，这些要求和期望未必是孩子真正想要的。父母对孩子真正的爱是无条件的，爱孩子就要让孩子觉得心情愉悦，就要让孩子感受到快乐。当孩子失意的时候，父母的爱显得更加重要。有一些父母对孩子的要求非常苛刻，看到孩子失败了，没有达到他们的期望，他们就会肆无忌惮地挖苦、讽刺孩子，这对孩子是非常残酷的。

大多数孩子的内心都非常软弱，尤其是内向的孩子，他们在面对失意的时候本来就在责怪自己，这个时候父母如果继续责骂孩子，就无异于雪上加霜。父母应该意识到孩子具有自我反省的精神，也具有自我指责的自觉性，那么父母应该呵护孩子的心灵，也要给予孩子积极的力量，让孩子继续坚持，勇往直前。

在成长的过程中，孩子一定会遇到各种各样不如意的事情。在这个世界上，没有人的人生会是一帆风顺的。所以父母要给孩子做的不是雪上加霜，而是雪中送炭。具体来说，当孩子为失意而愤愤不平且消沉沮丧的时候，父母要和孩子产生共鸣，要理解孩子的情绪和感受。很多时候，孩子并不是要从父母那里得到多少安慰，他们只是怕自己被父母责备。如果父母能够和孩子产生共鸣，能够理解和体谅孩子，感受孩子的心情，孩子的痛苦就会得到大大缓解。父母除了可以用语言之外，还可以用行动来安抚孩子。例如把孩子拥抱在怀中，拍拍孩子的肩头，抚摸孩子的头，或者紧握孩子的手。这些行为都是父母很容易做到的，却能够让受到打击的孩子感受到父母的爱与支持。

其次，孩子的心理承受能力都比较差。尤其是在现代社会中，大多数孩子都是家庭里的独生子女，从小就生活在衣食无忧、顺遂如意的环境之中，从没有受到过失败的打击，这就使得他们承受失败的能力更差。在父母的帮助之下，他们总能获得成功，总能得到赞赏，所以会对自己有过高的期望。在这样的情况下，一旦孩子受到失败的打击，感到失意，父母就不要再指责孩子表现得不够好。此时的当务之急是保护孩子的自信，让孩子能够勇敢地面对失败。很多孩子并不是败给了别人，而是败给了自己。在失败之后，他们就主动放弃了继续努力，让自己陷入彻底的失败之中。

鼓励孩子有各种各样的方式，既可以让孩子再一次尝试，也可以帮助孩子解决难题，还可以陪伴在孩子的身边。尤其需要注意的时候，父母不要用物质奖励来激励孩子，因为物质奖励只能带给孩子短暂有效的外部驱动力，而只有让孩子的内心深处意识到自己必须努力进取，孩子才会具有持久有效的内部驱动力。很多教育专家都知道，内部驱动力对于孩子的成长是非常重要的,那么父母在教育孩子的过程中,也要注重激发孩子的内部驱动力,尤其是要帮助孩子树立自信,这对于孩子而言将会起到很强大的作用。

总之,一次失败并不能代表什么,就像是桑迪亚哥老人一样,他很多次被鲨鱼打倒,但是他从来没有被鲨鱼打败。在每一次打倒之后,他都让自己再次站起来,勇敢地与鲨鱼搏斗,虽然最终他只能带着一个大骨架回到岸边,但是这也证明了他在与鲨鱼的搏斗中获得了胜利。孩子们也要拥有这样的精神。在人生的漫长道路上,孩子们还会经历很多坎坷挫折,父母未必每次都能陪伴在孩子身边,那么就要从现在开始未雨绸缪,注重培养孩子勇往直前的精神,这样孩子在成长的过程中才会始终拥有强大的心灵,才会始终拥有积极向上的力量。

突破和超越自我,才能获得成功

曾经有一个年轻人非常贫穷,后来他靠着倒卖名人字画赚取了很多的钱,变成了一个大富翁。在一生之中,这个人都没有结婚生子,始终孑然一身。眼看着生命之火即将熄灭,他突然想留下一个谜题给世人。他还做了公证,承诺猜中这个谜题的人将会得到很大的一笔奖金。在做了这个公证之后,富人很快就去世了。他去世之后,他所委托的律师和公证处一起把这个谜题发布在发行量最大的报纸上。很快,读者的答案就纷至沓来。这个谜题是什么呢？原来，谜题就是：穷人跟富人相比，最缺什么？人们的回答千奇百怪，有人说最缺钱，有人说最缺热情，有人说最缺梦想，有人说最缺机会，有人说最缺贵人。在这些回答之中，只有一个十三岁的小姑娘给出了正确的回答，这个小姑娘的答案是野心。

在公布答案之后，小姑娘来领奖。很多记者都来到现场采访小姑娘，有个记者问小姑娘："小姑娘，你是如何想到这个答案的？"小姑娘说："每当我姐姐带着男朋友回家的时候，看到我看着他们，我姐姐就会恶狠狠地叮嘱我不要有野心。我想，野心一定是一种非常可怕的东西。"

通过这个故事，我们可以发现，穷人与富人之间相比，最缺的不是金钱、财富、机遇、贵人，而是野心。对于一个穷人来说，如果他从来没有发财致富的野心，那么他就不会想方设法地增加自己的财富。这样一来，一个人连想都不敢想发财致富，又如何会真正去做让自己发财致富的事情呢？对于内向的孩子而言也是同样的道理。很多内向的孩子内心都特别畏缩胆怯，他们不敢打破常规，不敢突破自我，不敢想很多看似不可能实现的事情。在这样先入为主的误解之中，他们根本无法突破和超越自我，也根本不可能获得成功。实际上，对于所有的人来说，成功的秘诀只有一个，那就是不断地超越自我。

古往今来，每一个成功者都有各自的机缘，都有各自的天赋和成就，但是他们都有一个明显的共同点，那就是他们一直都在超越自我。在成功的道路上，他们始终在努力奋斗，哪怕面对失败和坎坷，他们也从没有放弃过。在超越自我的过程中，他们距离成功越来越近。反倒是那些从小生活安逸、衣食无忧的孩子，他们的成就是很小的，因为他们满足于生活的现状，从来没有试图改变。和这些孩子相比，穷人家的孩子早当家，那些穷人家的孩子反而在成长中有了更为出色的表现，这是因为他们知道自己没有有权有势的父母可以依靠，也没有雄厚的家产可以继承，所以他们只能靠自己。在这样背水一战的状态之中，他们激发出自身的潜能，让自己发挥出最大的能力。

有人说，每个人最大的敌人就是自己，这是因为对于每个人而言自身都是很难以突破的。人的本能就是趋利避害，每个人都想享受安逸的生活，而不愿意持续地努力，那么在这样安逸的状态之中，生命力就会渐渐消耗殆尽。对于任何人来说，只有超越自我才能够有所创新，才能够有所成就。对于每个人而言，人生最大的失败就是败给自己，人生最大的成功就是超越自我。

每个父母都对孩子怀有殷切的期望，他们希望孩子能够摆脱平庸的命运，成人成才，做出伟大的成就。正是因为如此，父母们才不惜花费重金让孩子们参加各种补习班，争取考取更高的分数。然而，这些兴趣班、特长班、补习班等都只是在帮助孩子学习知识，提升技能，最大的作用是让孩子拥有生存的能力，却不能够让孩子改变命运。要想让孩子将来有大出息，要想让孩子摆脱平庸的命运，父母们的当务之急是让孩子摆脱

第八章 树立自信，让先天不足的主动性爆棚

安于现状的心理，让孩子摆脱慵懒懈怠的生活现状，这样孩子将来才能够更积极地努力拼搏，更乐观地抗拒命运的安排。

很久以前，有两个孩子在学习上的表现都很好，他们每次考试都能够考取很高的分数。每次期末考试，他们都能凭着优异的成绩获得三好学生的证书。第一个孩子的妈妈每次都把孩子的三好学生奖状挂在墙上，每当家里来客人的时候，妈妈就会向客人们介绍这些奖状都是孩子努力学习得到的。而第二个孩子每次拿了奖状回家之后，妈妈都会把孩子的奖状收在抽屉里。时间久了，这些奖状也就不那么新鲜了。有的时候，妈妈收拾废物，还会把这些奖状扔到垃圾桶里。最终，这两个孩子的成就如何呢？

第一个孩子在学习的道路上一路高歌猛进，不但考上了名牌大学，还攻读了硕士、博士，在学术领域取得了很高的成就。第二个孩子呢？他在学习上表现平平，上了一所普通的大学，找了一份普通的工作，过着普通的生活。那么，两个孩子的起点原本是相差无几的，为何在几十年之后，他们的人生却有这样的天壤之别呢？就是因为妈妈对待他们奖状的方式不同。这种行为方式反应出妈妈对他们的期望。第一个孩子在妈妈向客人夸奖他的时候，感受到妈妈对他的殷切希望，所以他会获得巨大的动力，再次超越自己。他每一次都会比前一次有所进步，这也使得他原本就不错的学习成绩持续地得以提升。而第二个孩子呢？妈妈并没有把他的奖状给别人看，而是把他的奖状收藏起来，甚至丢掉。这使得这个孩子在成长的道路上

187

并没有超越自己的动力,他觉得自己只要得到奖状就可以了,并没有为自己树立更高的目标,所以他的人生才会流于平庸。

要想让孩子超越自己,在教育孩子的过程中,父母就要有意识地做好以下几点。

首先,面对孩子不同的性格,让孩子学会正确地对待成功。有些孩子对待成功会非常骄傲,沾沾自喜,也会因此而出现退步的情况,而有些孩子对待成功却能够再接再厉。对于前一种孩子,要适度地打击他们,让他们意识到此刻已经取得的成功并不是最大的成功,还要再接再厉。而对于后一种孩子,要积极地鼓励他们,让他们更加自信。父母只有巧妙地引导孩子,才能让孩子因为获得成功产生的兴奋转化为前进过程中源源不断的动力,才能够避免孩子被胜利冲昏头脑。

其次,父母要教会孩子和自己做比较。对于孩子而言,和其他人进行比较只是为自己树立学习的榜样,只有和自己进行比较,才能让自己每一天都有所进步。学习是无止无尽的,成长的道路也是无止无尽的,孩子每天都应该保持前进的姿态,让自己比前一天有更大的进步,才能意识到自己的能力是很强大的。在不断超越自己的过程中,孩子的信心会越来越强,他们会相信自己依然具有巨大的能量,鼓励自己再创新高。

再次,要为孩子制定切实可行的目标。为孩子制定目标的时候不要盲目,而是要根据孩子的实际情况出发,既要为孩子制定远期目标,也要为孩子制定中短期目标。当孩子在努力之后能够实现自己的一个目标时,他们就会获得成就感,也就获得了更强大的力量去突破和超越自己。

最后，要鼓励孩子树立伟大的梦想。梦想是孩子人生的引航灯，如果孩子没有梦想，那么在成长的过程中，他们就无法保持奋斗的动力。有一些孩子没有梦想，就像在漫无边际的大海上航行，不知道自己将会身往何处。

在教养孩子的过程中，如果父母不能引导孩子树立伟大的梦想，那么可以让孩子多多阅读名人传记，也可以让孩子看一些关于伟大人物的影片。这些人物的切身经历会对孩子起到一定的指引作用，让孩子对于自己的未来准确定位。

总而言之，不要觉得孩子的梦想太过远大而无法实现，当孩子树立这个梦想的时候，就意味着他们已经踏上了实现梦想的路途，也意味着他们每走一步都会距离自己的梦想越来越近。在此过程中，父母要积极地鼓励孩子，不要打击孩子的信心，更不要挫败孩子的勇气。信心和勇气是孩子通往梦想最佳伴侣，父母要帮助孩子树立信心，要帮助孩子鼓起勇气，这样孩子才能坚持努力和前行，才会距离梦想越来越近。

第九章

性格内向的孩子更专注，发挥内向优势增强学习力

每一个孩子不管性格是属于内向性格，还是属于外向性格，他们最主要的任务就是学习。尤其是在成长的过程中，孩子要以学习为己任。学习不但是孩子的一项任务，也是孩子成长的重要方式。在学习的过程中，孩子会以心理变化来适应环境的变化，他们必须高度集中注意力，保持专注，才能学会更多的知识，掌握更多的技能，也增强自己的学习力。外向的孩子注意力容易分散，内向的孩子恰恰在这方面占据很大的优势，即内向的孩子往往更专注，也不容易被外界的诱惑分散精力。因此，父母应该寻找适合性格内向的孩子的学习方法，让性格内向的孩子发挥专注的优势，从而在学习上有更好的表现。

面对外向的老师，如何良性互动

内向的孩子思维的速度相对比较慢，他们会侧重于全面地思考问题，然后才会做出相对比较完美的解答。那么在学习的过程中，内向的孩子如果遇到了外向的老师，又应该怎么办呢？众所周知，外向的老师说起话来语速非常快，而且滔滔不绝，尤其是喜欢在课堂上进行提问，与孩子之间进行交流。对于内向的孩子而言，与外向的老师相处并不容易，甚至堪称挑战。很多内向的孩子都不喜欢聒噪的老师，甚至会因此而对老师产生排斥和反感的心理。这就使得他们在学习上受到很大的负面影响。众所周知，孩子如果喜欢一个老师，往往也会喜欢学习这门课程。反之，如果孩子反感或者讨厌一个老师，那么在学习这门课程的时候，他们就会失去兴趣。在课堂上，他们无法做到专心致志地听讲；在课后，他们也不愿意花费大量的时间和精力认真地完成作业。当孩子出现这样的学习状态时，父母一定要及时地给予孩子关注，要帮助孩子调整好心态，让孩子能够与外向型老师建立良好的关系，这对孩子的学习和成长都是至关重要的。

毋庸置疑的一点是，每一个老师既然选择了教师这一职业，那么他们都希望自己能够成为一名合格且优秀的教师，都希望自己能够帮助孩子成长。但是，每一个老师都是一个独立

第九章 性格内向的孩子更专注，发挥内向优势增强学习力

的生命个体，是世界上独一无二的存在。他们的个人素质、行为、观念、情绪等都是不同的。另外，因为他们的能力参差不齐，所以他们在工作上承受的压力也是不同的。老师在面对那么多的学生时，无法把自己所有的精力和关注点都平均地分配到每一个学生身上。在工作的过程中，他们有可能因为一些特殊的原因而特别关注某一些孩子，也有可能因为一些原因而忽略了某一些孩子。在此过程中，内向的孩子如果被老师忽略，自身又不愿意与老师积极地沟通，也不愿意向老师提问，那么就会成为学校里的边缘人。有一些学生在看到老师对某些学生特别关注的时候，还会误以为老师与这些学生之间有特别的关系，因而对老师产生排斥和厌倦。作为父母，要及时发现孩子与老师之间的关系是否正常发展，也要及时疏导孩子的负面情绪，这样才能让孩子与老师更好地相处，也才能让孩子在学习上有正常的表现。

如果已经发现孩子不适应老师，那么父母可以和老师进行积极的沟通。很多外向型老师并不是非常乐于与内向的学生进行沟通，这是因为他们身上并没有内向型学生的特质。尤其是在看到内向型学生在课堂上不愿意回答问题，不愿意与老师交流，而且因为缺乏自信往往孤僻独处，不喜欢和同学交往的时候，外向型老师会更担心。有一些外向型老师因为缺乏对于内向型孩子的了解，还会认为孩子这些性格方面的表现都是孩子的缺点，甚至会主观判断这样的孩子就像一个懒惰的因子，在班级里是可有可无的，因而也会从主观意识上忽略这样

的学生。

为了让老师对学生更加关注，父母可以积极地与老师沟通，向老师介绍学生的特点，帮助老师加深对于学生的了解。必要的时候，父母也可以与老师进行更深入的沟通，让老师理解并且关照孩子。在师生关系之中，孩子处于相对的弱势和被动地位，如果老师能够主动地关心和照顾学生，那么相信学生也会给予老师积极的回应。

其次，除了要让老师对学生多加关注之外，父母还应该做好孩子的思想工作，让孩子能够对老师换位思考，从而理解老师的难处。很多孩子在家庭生活中得到了父母的关注，是家人瞩目的焦点，在进入学校生活之后，他们往往会感到非常失落。因为在学校里，老师不可能把每个孩子都作为关注的焦点，这样一来，面对老师的忽视，孩子就会感到很失落，很不适应，也会对老师心生怨愤。父母要告诉孩子这个道理，让孩子知道老师每天都要面对很多学生，不像父母每天只面对一个孩子，所以老师不可能对每个孩子都特别关注。而且，老师每天除了要给学生上课之外，还要批改很多作业，这使得老师更没有精力无微不至地照顾每个孩子

了解了老师工作的性质，知道了老师工作的压力大之后，孩子对老师就会更加宽容，他们就不会再把老师对他们的忽视理解为老师讨厌自己，故意和自己作对。不管老师做出怎样的举动，父母最好不要在孩子面前诋毁老师，这是因为孩子只有喜欢一个老师，才能学好一门课程。父母除非想为孩子调换班

级或者是学校，否则，尽量不要在孩子面前说老师的坏话。

再次，每个人身上都有闪光点，对于孩子而言，只要用心地发掘，就一定能发掘出老师身上的闪光点。如果孩子能够发掘出老师的闪光点，就会增加对老师的好感，也就会与老师更好地相处。其实，人人都有优点，也有不足。孩子在面对老师的不足时应该怀着宽容的态度。父母要告诉孩子，不可能每个人都是孩子所喜欢的。将来走上社会，孩子还会面对更多自己不喜欢的人，那么如何与这些人相处将决定孩子在社会交往中的表现。所以父母要让孩子拥有一双发现的眼睛，能够发现老师的优点，挖掘出老师优秀的品质。在与外向型老师相处的过程中，孩子也要对外向型老师更加宽容。相信孩子在经过这样的心态调整之后，会越来越喜欢自己的老师。当孩子喜欢自己的老师，发自内心地想与老师搞好关系，父母还需要为孩子的学习而发愁吗？

主动实践，使学习有更大进步

一切的理论都离不开实践的检验，在学习的过程中，如果孩子只是学习那些理论的知识，而不注重实践，那么就无法把知识与实践结合起来。在现实生活中，很多孩子都会犯闭门造车的错误。尤其是那些内向的孩子，他们在学习上有很强的惰性。外向的孩子具有更强烈的好奇心，也喜欢对很多问题进行深入的探索；内向的孩子在学习上更倾向于被动，他们也许会对一个问题进行深入的思考，但是他们并不想去验证这些理论是否真的成立。在这样的过程，性格内向的孩子的主动性和积极性、创造性都会受到影响。所以，在性格内向的孩子学习的过程中，父母应该多多地鼓励性格内向的孩子，让孩子积极地展开实践，从而引导孩子把理论的学习与实践的检验结合起来，争取在学习上有更大的进步。

曾经有一位教学经验丰富的教授说过，学校就像一个小小的社会，学生除了要努力学习之外，也应该注重与他人交往，尤其是要把自己融入团队之中，和团队里的成员一起去检验学习到的理论知识。虽然很多人都把学校形容为象牙塔，认为学校里的环境是相对简单和闭塞的，但是实际上，随着时代的发展，学校已经不再是原来意义上的象牙塔了。如果学生怀着两耳不闻窗外事、一心只读圣贤书的原则去读书，不关心时事政治，不关心外界的人和事，那么他们在学习上一定不能获得很大的进步，但他们的成长也会因此而受到阻碍。

曾经，人们认为那些不识字的人都是文盲，现在人们认为那些缺乏学习能力的人都是文盲。曾经，人们会嘲笑那些文盲没有掌握知识，现在人们也会嘲笑那些书呆子虽然拿了满分，但是却对社会毫无了解，不能把所学习的知识运用到实处。社会的发展要求，人的素质越来越高，孩子们不但要在课堂上学习各种各样的知识，也要密切关注社会生活，这样才能更快地适应社会。

第九章 性格内向的孩子更专注，发挥内向优势增强学习力

大名鼎鼎的教育家陶行知先生曾经说过，"生活就是教育，社会就是学校，学校教育必须与社会生活紧密联系起来，学生既要在学校中学习各种各样的知识，也要积极地参与社会生活，了解社会实际，只有坚持这么去做，才能把学校里的小课堂与社会生活的大课堂结合起来，才能学以致用"。由此可见，每个孩子学习的目的都是把学到的知识运用到实践中去。如果只是进行理论上的学习，哪怕掌握再多的知识，也是毫无意义的。

在培养孩子的过程中，父母要改变重心，不要再一味地要求孩子成为一个只知道学习的书呆子，而是应该让孩子走出家门，在学习之余多看看，多想想，开阔眼界，增长见识，从而让自己与社会生活紧密地联系起来。

首先，父母要鼓励孩子多多参与社会实践。孩子之所以要在成长过程中坚持学习更多的知识，掌握更多的技能，他们最终的目标不是成为一个学习的机器，而是能够实现自身的社会化。所谓的社会化，就是孩子在校园里要积极地学习，在社会生活中要充分地与他人和更多的事物接触。也许有些父母会说，现在的时间这么紧张，孩子根本没有那么多时间一边学习一边参与社会实践，实际上这只是父母主观上的想法。对于孩子而言，如果有机会参与社会实践，他们会更加积极主动地完成学校里的学习任务。当有了参与社会实践的机会时，因为内向的孩子们比较害羞，比较腼腆，所以父母要积极地鼓励孩子，也要为孩子创造一些机会，让孩子融入社会生活之中。

现代社会的发展对人才提出了更高的、更全面的要求，真正的人才不但要掌握很多知识，而且要能够学会很多技能，最重要的是要能够把这些技能运用起来，从而解决实际问题，才能够在激烈的竞争之中脱颖而出。

其次，孩子应该多多地走出家门增长见识，开阔眼界。很多孩子在学习的时候都把自己关在家里，每天暗无天日地学习，看起来他们在学习上非常努力用功，但是实际上他们对于学习并没有自己的态度。

他们只是盲目地在学习，而不知道学习的根本目的是什么。对于孩子来说，除了学习之外，还要用眼睛去看这个世界，用耳朵去倾听这个世界，用心去感受这个世界。社会生活是非常复杂的，尤其是在现代社会中，所有事物的变化都是非常快速的，堪称瞬息万变，那么，孩子们更应该用心灵去感受自己周围的一切。

当孩子在学习上感到厌倦，或者是乏味的时候，父母不要逼着孩子一味地学习；当孩子在成绩上出现波动，不能达到父母的预期时，父母也不要不分青红皂白地指责孩子。对于孩子而言，只有积极地学习，把知识与实践结合起来，他们才能获得学习的动力。

所以父母要给孩子更多的时间，让孩子运用知识为自己解决问题，也要给孩子更多的机会，让孩子能够把学习发挥到更高的水平。唯有如此，孩子才能感受到学习的魅力，也才能在学习的过程中快乐地成长。

第九章　性格内向的孩子更专注，发挥内向优势增强学习力

提升学习品质，争当好学生

每次开完家长会，很多父母的心中都很不平静，因为他们发现自己家的孩子虽然在学习上已经拼尽了全力，但是学习的效果并不好，也没有考取很高的分数。那些所谓的学霸看起来轻轻松松地对待学习，并没有把所有的时间和精力都用于学习，甚至有一些学霸是非常爱玩的，但是他们在学习上却保持着绝对的优势。这是为什么呢？

如果说孩子们在学习上所投入和付出的是一样多的，但是却在学习成绩上出现了巨大的悬殊，那么父母就不要再只盯着孩子的成绩，而是应该更加关注孩子学习的品质，这才是决定成绩高低的关键因素。学习品质高的孩子有良好的学习习惯，有顽强的学习意志，有严谨的学习精神。当然，他们还掌握了很多高效的学习方法。这些因素综合作用，使得他们在学习上虽然表现出很轻松的状态，但是学习的效果却非常好，而且也总能考取很好的成绩。

学习品质对于孩子的影响是很大的，一个孩子如果学习品质很高，那么他们在学习上就会呈现出良好的状态，学习成绩也会持续提升；一个孩子如果学习品质很低，那么他们即使在学习上付出了很多，或者为了学习而舍弃了很多娱乐活动，他们在学习上的效果也会不太好，而且学习成绩还会越来越低。

看到这里，很多父母一定都会感到很奇怪：学习品质到底是什么呢？如何才能让孩子轻轻松松就在学习上有更大的收获

呢？其实，学习品质是一种综合因素。父母在关注和注重提升孩子学习品质的时候，应该把目光放得更长远，而不要只盯着孩子的学习成绩看。只有督促孩子进行全面的发展，让孩子在学习上学有余力，才能挖掘出孩子更大的学习潜力。

作为大名鼎鼎的数学家、哲学家、逻辑学家，罗素写了很多作品。在这些作品里，他既捍卫了人道主义理想，也表达了自己的自由思想。很多人都喜欢阅读罗素的作品，想从罗素的作品中得到启迪。

很小的时候，罗素的学习思维就非常活跃。在十一岁的时候，罗素跟着哥哥学习几何学。有一天，罗素有些心不在焉，对于哥哥教授他的几何学公理，他听完了之后还是不能理解，这让哥哥感到费解。因为罗素在很久以前就对这个公式特别感兴趣，现在又为什么对学习表现出一副兴致索然的样子呢？在哥哥的询问下，罗素诉说了原因。原来，罗素认为哥哥所讲授的和他想要听到的并不一致。看到罗素陷入了这样的怪圈之中，哥哥无法回答，只好要求罗素记住这个公理。罗素尴尬地说："如果我都不明白这个公理是什么意思，我为什么要记住它呢？"罗素停止和哥哥学习这个公理，而是经过亲身实践验证了这个公理的正确性，才相信这个公理，也才愿意继续学习。正是凭着对学习一丝不苟的科学精神，罗素才能够深入学习，提升学习的质量，成了有所成就的大家。

从罗素的这个小故事中，我们可以看出，罗素对于学习有着科学严谨的态度。很多孩子在学习的过程中遇到不理解的公式或者公理，都会先生硬地记住，并且照搬套用。他们并不关心这个公理为何会成立，而只是被动地接受。但是罗素恰恰相反，如果不知道这个公理为何成立，他就无法运用这个公理解答题目，他也不愿意接受这个公理。由此可见，罗素很注重在学习过程中运用理解力。最终，罗素在亲自验证这个公理的正确性之后，才接受了这个公理，开始下一步的学习。

在学习方面，很多孩子的学习习惯都是不同的，有的人习惯于先理解后记忆，这是因为他们认为只有理解一个东西才能更好地记忆，也有一些孩子会采取囫囵吞枣的方法，先记忆后理解。显而易见，与后者相比前者是一种更有效的学习方式，因为在理解的基础上，我们可以更深入地了解这个东西的内涵，也才能够将其更好地加以运用。在引导孩子学习的过程中，父母也可以有意识地培养和提升孩子的理解力，帮助孩子进行理解记忆。

那些在学习上轻轻松松的孩子，都有一个明显的特质，那就是他们都能够合理地安排时间。时间是做一切事情都必须消耗的成本，尤其是对于需要长期坚持的学习来说，安排好时间更是能够起到事半功倍的效果。有些孩子每天晚上写作业都要写到很晚，作业的质量并不高，还因此影响了睡眠，导致第二天听课的时候哈欠连天，效率低下。而有一些孩子呢，他们会集中注意力，保质保量地完成作业，不但晚上有时间休闲，而且还能拥有充足的睡眠。等到第二天到学校里的时候，他们精力充沛，能够集中精神听老师讲课，增强课堂听讲的效果。这样一来，他们的学习就进入了良性循环状态。

在这个世界上，时间是唯一对每个人都非常公平的东西，不管是老人还是孩子，不管是男人还是女人，不管是学习好的人还是学习不好的人，也不管是富翁还是穷人，他们每天都有24个小时，每个小时都有60分钟，每分钟都有60秒。时间从来不会因为任何人而多一分，也不会因为任何人而少一秒。孩子要想让自己在学习上的效率更高，就要提高对时间的利用率。具体来说，应该先安排好每天的活动，这样就可以按计划做完该做的事情。在安排这些事情的时候，还可以根据事情的轻重缓急进行合理分配，例如先做那些重要且紧急的事情，再做紧急但不重要的事情，接着做重要但不紧急的事情，最后如果还有时间，可以做那些既不重要也不紧急的事情。

提升时间的利用率还要重视那些零碎时间。在每天的日常生活中，零碎的时间是非常多的，这些时间单独来看很零碎，少到几分钟多到十几分钟，但是如果能够把这些零碎的时间积聚起来，就能够聚沙成塔，产生很大的时间效力。例如，一个人如果每天利用零碎时间来背诵英语单词，那么日久天长他就能背诵很多英语单词，使自己的英语水平急速提升。如果在零碎的时间里，他只是在被动地等待，那么时间就会悄然流逝，他的生命也会变得空虚。

零碎的时间都是很短暂的，不能用来做那些重要的事情，但是零碎的时间却可以做那些比较琐碎的事情，例如背一篇课文，背诵几个英语单词，这些事情都可以利用零碎时间进行。

因为这些事情并不需要非常连贯地去做,所以哪怕分别用几段零碎的时间来做完这些事情,也并不会影响结果。

很多成功者都特别珍惜时间,他们知道时间是组成生命的材料,也知道时间是不可重来的。时间的针脚滴滴答答地向前,一旦流逝,就再也不可能回头。因而每一个内向的孩子要想让自己的学习力更高,要想让自己的学习效率得到提升,就一定要珍惜时间,这样才能抓住时间,成为时间的主人,也才能在学习上有突出的表现。

灵活应对学习,不当毛毛虫

心理学领域有一个著名的毛毛虫实验。心理学家把一些毛毛虫首尾相连地环绕在一起,让它们按照顺序爬行,毛毛虫最喜欢吃的松叶就在一侧。但是毛毛虫只会跟着前一个毛毛虫往前爬,就这样,它们围着花盆的边缘不停地爬,在一段时间之后,所有的毛毛虫都饿死了。虽然它们身边不远处就是松叶,但是却没有任何毛毛虫去吃松叶。毛毛虫虽然有严格的纪律,有固执的精神,但是却因此而害死了自己。从某种意义上来说,有些内向的孩子也是非常固执的,他们会遵循自己想做某件事情的心意,而不愿意灵活地变通。在教育内向的孩子时,父母要注意发展性格内向的孩子的创新力,让内向的孩子突破思维的局限性,形成发散性思维。也要引导内向的孩子在解决问题的时候采取多种方式，在一条路行不通的时候，尝试着走其他的道路。当父母坚持这么做，内向的孩子就能够形成创新性。

美国麻省理工学院被人们称为疯癫精神病院，这是为什么呢？麻省理工学院为社会和世界培养了很多人才，是著名的高校这个称呼听起来是贬义，实际上是褒义，这是因为麻省理工学院的学生们思维都非常活跃，性格都外向开朗。为何一所学院里所有的学生都有着同样的品质呢？这是因为麻省理工学院的教育方法是非常独特的。麻省理工学院并不要求学生们因循守旧，而是鼓励学生们不断地创新，也会激励学生们想方设法地探索和解决问题。

正是因为如此，在全世界范围内，那些拥有远大梦想的年轻人都向往能够进入麻省理工学院进行深度学习。他们所有的奇思妙想，在麻省理工学院中都有可能变成现实，所以他们把麻省理工学院作为自己最向往的地方。为了能够进入麻省理工学院学习，他们坚持不懈努力，让自己变得越来越优秀。

越是高等的学校，越不会要求学生变成学习的机器。很多高等学校的校长都坚持培养孩子独立思考的能力，培养孩子的创新能力，这是因为被动地接受老师传授的知识是相对容易的，而一个人要想获得长远的发展，在离开学校之后依然保持创新能力，就要能够发挥学习的优势和特长，让自己成为学习的主动者。那些能够对学习进行深入探讨和研究的学生们，往往会有自己独到的见解，这样的见解甚至还能够启迪教授的思

第九章　性格内向的孩子更专注，发挥内向优势增强学习力

路。正是因为如此，在高等院校中，学生既是学生也是老师，教授既是教授也是学生，他们相互促进，一起为推动人类发展而贡献力量。

内向的孩子身上会有一些毛毛虫的特质，既然如此，父母在培养和教育内向的孩子时，就应该注重发展孩子的创新性，让孩子能够打破思维的僵局。尤其是在学习的过程中，如果孩子遇到问题只会放弃，或者只会去书中寻找答案，或者靠着询问其他人来解决问题，那么就意味着他们的学习能力是很低的。父母在孩子遇到难题的时候，不要直接告诉孩子答案。而是应该引导孩子去查阅资料，也要教会孩子把老师教授的知识活学活用。所谓脑洞大开，对于创新型的孩子而言，就是一种非常好的状态。也有很多孩子在考试的时候能取得不错的成绩，但是一旦需要把知识运用到现实之中解决问题的时候，他们的表现就令人堪忧，这都是因为他们缺乏创造力。

有些父母会觉得孩子还小，不需要培养创造力，而是要先学习基础知识。其实，这是对于创造力的误解。创造力并不会随着孩子的年龄增长而变得越来越强，相反，如果孩子接受了太多中规中矩的教育，变得因循守旧，那么创造力的发展就会被禁锢。那些低幼的孩子更加富有创造力，正是因为如此。

曾经有一个美术老师在小学高年级的课堂里，在黑板上画了一个圆圈，问孩子们："这是什么？"有的孩子说是字母o，有的孩子说是数字0。后来，这个老师把这个圆圈画在了幼儿园的黑板上，询问孩子们这个圆圈是什么，孩子们的回答千奇百

怪。有的孩子说是一个蛋黄，有的孩子说是太阳，有的孩子说是月亮，还有的孩子说是太空。这充分证明了幼儿的想象力是非常丰富的，思维也是无拘无束的，反而小学高年级的孩子因为接受了系统的教育，所以思维上有很大的局限性。

孩子的学习离不开好奇心的驱动，在孩子成长过程中，父母还要注重保护孩子的好奇心。从某种意义上来说，孩子的创造性也是由好奇心激发出来的。即使是内向的孩子，他们也同样需要创新思维，所以父母要注重保护性格内向的孩子的好奇心，让孩子保持旺盛的学习力。具体而言，父母要做到以下几点。

首先，如今的社会上很流行头脑风暴，父母在教育孩子的过程中，也可以对孩子进行头脑风暴。这样孩子就能摒弃那些固有的解决问题的方法，从而采取耳目一新的方式来解决问题，这样的创新对于孩子的学习和成长都会起到良好的效果。

其次，当孩子提出奇思妙想的时候，父母要保护孩子的好奇心，鼓励孩子继续奇思妙想。曾经有一个小男孩说自己想跳到月球上去，如果换作普通的父母，一定会打击他在白日做梦，但是他的妈妈却说"你去了月球，要记得回家吃饭啊"。若干年后，这个人真的成为了世界上登月的第一人。由此可见，父母对于孩子的支持和好奇心的保护，对于孩子一生的成长都会产生深远的影响。

最后，不管孩子面对怎样的难题，父母一定不要直接告诉孩子标准答案，此外，还要弱化孩子对于标准答案的概念。

第九章 性格内向的孩子更专注，发挥内向优势增强学习力

这是因为如果父母直接告诉孩子答案，孩子就不愿意自己去寻找，而如果父母总是向孩子强调标准答案，那么孩子的思维就会受到限制，他们的思维会被固定在一个点上，无法继续保持活跃的状态。

学习充满了变化，就像这个日新月异的世界一样。孩子要想走出学校，适应这个日新月异的世界，就要摒弃毛毛虫的思维，让自己脑洞大开，也让自己坚持想象和创新。当孩子能够灵活地应对学习，他们在学习上的表现就会越来越好，在成长的道路上也会获得更大的进步。

勤学好问，不给学习留下死角

如果说专注力是内向的孩子在学习上的优势，那么懒于提问则是内向的孩子在学习上的劣势。这是因为内向的孩子自卑而又敏感，他们在提问之前会有很多的顾虑。他们担心自己的问题会被老师嘲笑，也会担心老师不能解答他们的问题，还会担心自己因此而与老师之间关系不好。在这么多顾虑的前提下孩子们提问的欲望就会越来越低。在这一点上，外向的孩子是值得性格内向的孩子学习的。外向的孩子有了问题就会向老师提问，他们并不会想提出这样的问题会有怎样的后果。正是因为这样敢于提问的精神，使得外向的孩子在遇到问题的第一时间就能够解决问题。而内向的孩子在遇到问题的第一时间，却

会找出各种理由来说服自己不要提问。日久天长，这些问题就会在性格内向的孩子的心中积压，使性格内向的孩子的学习受到负面影响。

在课堂学习之中，孩子有没有进行积极的思考，有没有紧跟老师的思路去理解和掌握所学的知识，进行消化和吸收，都是以提问为标志的。在课堂学习之中，孩子提出的问题越多，就意味着他们对于知识的掌握越全面，而且他们也对于知识进行了深入的思考，试图参透知识，领悟知识。而如果孩子提出的问题很少，甚至没有问题，那么则意味着他们只是在被动地接受老师的知识灌输，根本就没有进行对知识进行主动加工。这是从学习的深度上来进行分析的。

从注意力集中的角度来看，孩子们的一节课通常要持续40分钟。在40分钟的时间里，如果孩子始终在听老师讲，始终在进行输入，他们会感到非常疲倦，对于老师的讲课的内容也会渐渐失去新鲜感。在这样的过程中，如果孩子能够积极地回答老师的问题，或者开动脑筋向老师提出一些问题，那么他们就能够振奋精神。交叉进行输入与思考，一节课40分钟的时间也就不显得漫长了。此外，在和老师针对问题进行探讨的过程中，他们对于知识的理解会更加深入，对于知识的掌握会更加牢固。曾经有人经过调查发现，如果孩子积极地提问，那么他们对于知识的掌握会更加牢固；如果孩子从来不提问，或者很少提问，那么他们对于知识的理解是很浅薄的，也就谈不上掌握知识。

第九章 性格内向的孩子更专注，发挥内向优势增强学习力

孩子是否擅长思考和提问并不是与生俱来的，对于孩子来说，在不同的成长阶段，他们对于这个世界充满了不同的问题。对于幼儿园的孩子来说，他们看到什么都会觉得新鲜有趣，所以很多人形容幼儿园的孩子是一个活动版的10万个为什么，他们的问题一个接着一个，常常会把父母难住。上了小学之后，孩子们的问题就会变得略微少一些了，这是因为他们掌握了一定的知识，对问题的思考会更加深入，而且他们也有了解决问题的能力，所以他们可以自己消化一部分问题。只有在遇到自己无法解决的问题时，他们才会向他人提问。到了初中、高中，随着年纪的增长，孩子们的问题会越来越少。与此同时，他们的问题也会越来越深刻。这是从积极的一方面来解释孩子们的问题日渐减少的原因。从消极的一方面来看，是因为孩子在接受教育的过程中思维受到了局限，思维的活力下降，所以他们已经提不出那么多的问题了。这就像一个人说话越来越少，最终有可能会进入失语的状态，所以面对孩子提问越来越少的这种情况，父母要给予孩子恰当的引导，不要让孩子认为自己无所不知，也不要让孩子局限在固有的思路之中，更不要让孩子误以为从来不提问才是最好的学习表现。

怀疑和答案组成了思考的整个过程，如果没有怀疑也不曾提出问题，那么孩子就不会进行思考。一个善于学习的孩子一定会经常怀疑，随时提问。在这一过程之中，他们对于问题的理解会更加深刻和透彻，也能够打开智慧的大门，让自己掌握更加丰富的知识。古今中外，那些在学术上有所创见的伟大的

科学家，他们未必接受了系统的教育，也未必拥有得天独厚的天赋，但是他们都有一个明显的特点，那就是他们都很擅长提问，也会很积极地提问。

韦勒是诺贝尔医学奖的获得者，他从小就勤于思考，善于提问。有一天，他发现有一条小鱼死了，不由得产生了困惑：小鱼为什么会死呢？很多孩子看到小鱼死了，也许只是当时会感到伤心或者觉得好奇，不一会儿就会把这个问题丢下。但是韦勒没有善罢甘休，他拿出一把小刀，对小鱼进行了解剖。他惊奇地发现，在小鱼的肚子里有很多白色的虫子还活着呢。他不知道这些虫子是什么，就去问父亲。韦勒的父亲是某医学院的病理学系主任，他对于这个问题是非常了解的。听到韦勒提出这样的问题，父亲感到非常欣慰，因而父亲耐心地向韦勒解答，告诉韦勒："这些白色的东西不是小鱼的宝宝，而是生活在小鱼体内的寄生虫！"

父亲的回答尽管很专业，却没有打消韦勒的疑问。得到父亲的解答之后，韦勒又提出了更多的问题，例如，寄生虫是什么，寄生虫为何会进入小鱼的肚子里，小鱼是因为有寄生虫在肚子里才会死的么，其他动物的肚子里有没有寄生虫……

在韦勒的一系列问题之下，父亲必须认真地思考才能够给出韦勒解答。父亲不但向韦勒解答了这么多问题，也带着韦勒进入了一个神奇的世界。在此之前，韦勒从来不知道生物的世界如此神奇。后来，韦勒对于生物的世界产生了很强烈的好奇，他决定把病原微生物学作为毕生研究的事业，就是因为他想探究生物世界里一切神奇的奥秘。最终，韦勒因为研究出了小儿麻痹症疫苗荣获诺贝尔奖，对整个世界和全人类都做出了伟大的贡献。

面对孩子的提问，父母一定不要感到厌烦，也不要对孩子采取敷衍了事的态度。每一个问题都意味着孩子针对一些知识进行了深入的思考，每一个问题也都意味着孩子想要打开求知的大门。父母要保护孩子的好奇心，也要让孩子知道这些问题是多么重要。对于那些父母也不知道如何解答的问题，父母可以和孩子一起查阅资料，尝试着解决问题。也许只是父母一次小小的解答，就能够为孩子打开一扇神奇的大门，让孩子找到人生的方向。

在家庭生活中，父母不仅要支持孩子提问，还要帮助孩子形成发散性思维。例如，孩子的提问局限在某一个思维的角度中，那么父母可以引导孩子提出更多的问题，这样孩子的思维就会像一把撑开的伞，向着各个方向发散。当孩子进入学校开始系统地学习，父母还要经常与老师保持联系，进行沟通，从而了解孩子在课堂上回答问题的情况。

如果孩子在学校里懒于回答问题，那么父母可以和老师沟通，让老师经常提问孩子；如果孩子在学校里积极地回答问题，那么父母要认可孩子的表现，给予孩子鼓励，让孩子再接再厉。总而言之，孩子不能成为课堂上的失语者，否则课堂学习的效果就会非常糟糕。不管孩子回答的是正确的还是错误的，父母都要激励孩子勇敢地回答问题。在孩子开动脑筋思考问题的那一刻，就意味着孩子已经在进步。父母不要要求孩子每次回答问题都必须做出正确的解答，而是要保护孩子回答问题的积极性。此外，如果孩子本身比较内向胆小，父母也可以与老师沟通，请老师多鼓励孩子。

总之，只有勤学好问的孩子才能深入地了解知识，不留下学习死角；只有勤学好问的孩子才能发挥自己学习的潜力，在学习过程中有更加出类拔萃的表现。

参考文献

[1]苏珊·凯恩.内向性格的竞争力[M].高洁,译.北京:中信出版社,2016.

[2]隋岩.在这复杂的世界里从容地活:内向性格的竞争力[M].北京:中国法制出版社,2017.

[3]马蒂·奥尔森·兰妮.内向孩子的潜在优势[M].赵曦,刘洋,译.上海:上海社会科学院出版社,2017.